S

RECHERCHES

SUR

L'AGRICULTURE

ET L'HORTICULTURE

DES CHINOIS

PARIS. — IMPRIMERIE DE J.-B. GROS,
Rue du Foin-Saint-Jacques, 18.

RECHERCHES
SUR
L'AGRICULTURE
ET L'HORTICULTURE
DES CHINOIS

ET SUR LES VÉGÉTAUX, LES ANIMAUX ET LES PROCÉDÉS AGRICOLES

que l'on pourrait introduire avec avantage

DANS L'EUROPE OCCIDENTALE ET LE NORD DE L'AFRIQUE

SUIVIES

d'une Analyse de la grande Encyclopédie

授時通考

PAR

LE BARON LÉON D'HERVEY-SAINT-DENYS

DE LA SOCIÉTÉ ASIATIQUE DE PARIS

PARIS

ALLOUARD ET KAEPPELIN

Libraires-Éditeurs-Commissionnaires

SUCCESSEURS DE P. DUFART ET DE GABRIEL WARÉE

12, RUE DE SEINE

1850

RECHERCHES

SUR

L'AGRICULTURE

ET L'HORTICULTURE

DES CHINOIS

ET SUR LES VÉGÉTAUX, LES ANIMAUX ET LES PROCÉDÉS AGRICOLES

que l'on pourrait introduire avec avantage

DANS L'EUROPE OCCIDENTALE ET LE NORD DE L'AFRIQUE

SUIVIES

d'une Analyse de la grande Encyclopédie

PAR

LE BARON LÉON D'HERVEY-SAINT-DENYS

DE LA SOCIÉTÉ ASIATIQUE DE PARIS

PARIS

ALLOUARD ET KAEPPELIN

1850

A M. BAZIN,

PROFESSEUR DE CHINOIS A L'ÉCOLE DES LANGUES ORIENTALES,

Hommage affectueux de son élève,

LE BARON LÉON D'HERVEY-SAINT-DENYS.

INTRODUCTION.

Il y a cinq ans, lorsque j'entendis pour la première fois expliquer des caractères chinois au cours du savant M. Bazin, j'étais loin de prévoir le genre d'application que je chercherais à faire plus tard de la nouvelle langue dont je commençais l'étude. Cette préférence que je lui donnais sur les autres idiomes de l'Orient n'était pourtant de ma part ni une fantaisie sans motif, ni une curiosité irréfléchie. Je savais que, de toutes les langues asiatiques, la langue chinoise était la plus riche en monuments écrits ; j'étais impatient surtout de lire ce que devait avoir produit de remarquable et d'original ce peuple extraordinaire, dont le développement et la civilisation ne sortirent jamais d'un cercle si exclusivement national, qu'on serait tenté de croire qu'il appartient à un autre monde, à le voir se suffire constamment à lui-même, et tirer de son propre fonds toutes ses ressources et tous ses progrès. Je me sentais vivement impressionné à l'idée d'une société comprenant le tiers au moins de la race humaine, encore intacte après quarante siècles d'existence, toujours une et toujours florissante, tandis qu'ailleurs les révolutions créent et renversent les empires; développant progressivement sa civilisation, sa littérature et ses arts, sans que chez elle la science produise l'orgueil, pour la mener ensuite à la décadence; conservant seule, enfin, entre toutes les nations de la terre son antique physionomie, grâce à des conditions de stabilité qui lui sont propres : le respect des traditions, le culte des ancêtres, le soin de s'isoler des autres peuples, l'autorité paternelle et toujours vénérée de ses monarques. Telles ont été sans doute les causes de ce grand résultat, et c'est ce qui explique le caractère spécial de la civilisation en Chine, si différent de celui que nous lui voyons revêtir chez les nations de l'Europe et de l'Asie occidentale; mais, quel que soit le secret de ce phénomène dans les annales de l'humanité, je pouvais être dès l'abord profondément convaincu que les livres d'un pareil peuple devaient renfermer parfois des trésors, et qu'une étude attentive pourrait révéler à la science des faits importants et perdus pour elle. L'histoire m'apprenant que les Chinois avaient découvert, plusieurs siècles avant nous, le papier, l'imprimerie, la poudre à canon, les puits artésiens, l'éclairage au gaz, etc., etc., je pouvais naturellement supposer que chez eux il existait encore d'autres inventions du même intérêt qui deviendraient pour nous des découvertes, si l'on savait les mettre au jour.

A mesure que j'avançais dans l'étude du chinois, et que j'arrivais à apprécier les immenses ressources offertes à quiconque parvient à se rendre maître de cette langue, je reconnaissais, à mon grand étonnement, que, de tous les filons de cette mine inépuisable, le plus riche peut-être était celui qu'on avait le plus négligé. La science que la Chine honore le plus, celle que toutes ses dynasties ne cessèrent d'encourager, qui, de toute antiquité, fut considérée dans le Céleste-Empire comme la plus utile et la plus respectable, et que, par goût autant que par nécessité, on y a perfectionné davantage, l'agriculture, en un mot, est, de toutes les connaissances chinoises, celle dont on a le moins cherché à tirer parti.

Etrange au premier abord, ce fait est cependant facile à expliquer. Il suffit de jeter un coup d'œil rétrospectif sur l'histoire de nos relations avec la Chine, et d'examiner le but particulier que chaque sinologue se proposa dans ses travaux.

Toute époque, toute période de civilisation demande à l'étude et aux sciences des conquêtes qui puissent cadrer avec ses idées, remplir ses vues, satisfaire ses goûts ou ses besoins du moment. Les premiers qui abordèrent les difficultés de la langue et de la littérature chinoises, sans autre secours que leur énergique volonté et leur haute intelligence, furent ces intrépides jésuites de la mission fondée par Mathieu Ricci, et successivement illustrée par les savants pères Parennin, de Prémare, Gaubil, Amyot, de Mailla, dont les travaux servirent de point de départ à tout ce qui s'est fait depuis. Mais le zèle religieux animait surtout ces pieux missionnaires dans la rude tâche qu'ils entreprenaient. Propager le christianisme était leur première pensée, le but de tous leurs efforts. Ils jugèrent que pour épurer et réformer les opinions morales et religieuses de la Chine, ce qu'ils devaient étudier et approfondir, c'était, avant tout, les doctrines philosophiques du pays. Avec une patience et une persévérance que la foi seule pouvait soutenir, ils parvinrent à posséder le chinois assez complètement pour composer des ouvrages dans cette langue; ils traduisirent ou analysèrent la plupart des livres sacrés de la Chine, ainsi que les œuvres des philosophes les plus vénérés dans le Céleste-Empire, Khong-tseu et Meng-tseu (Confucius et Mencius). Ils étudièrent les mœurs et les institutions, et surtout l'histoire qui, en Chine plus que partout ailleurs, se lie absolument à la religion et à la philosophie. Enfin, de savants travaux de linguistique, en leur donnant une connaissance parfaite de la langue du pays, achevèrent d'en rendre l'étude accessible aux Européens.

Les sciences physiques et mathématiques furent encore de leur part l'objet de très-intéressantes recherches; mais l'agriculture, comme les arts et l'industrie, ne fixèrent jamais leur attention d'une manière suivie. Si, dès l'an 1656, le père Boym, jésuite polonais, publia une notice sur quelques plantes de la Chine; si les œuvres des missionnaires contiennent de nombreux Mémoires sur les abeilles, l'arbre à cire, les animaux domestiques, et une infinité d'arbres, d'arbustes, de plantes ou de fruits, ces travaux isolés, incomplets pour la plupart ne réussirent qu'à attirer l'attention sur un sujet encore neuf, et sur la nécessité d'une étude plus approfondie. D'ailleurs les missionnaires, dont le savoir était si vaste et si étendu sous d'autres rapports, manquaient précisément des connaissances spéciales qu'exigent ces sortes de matières, et leurs observations agricoles, bien que faites avec beaucoup de goût et d'intelligence, ne furent guère cependant que des observations de curieux. Aussi trouvèrent-elles plus d'admiration parmi les gens du monde que chez les hommes voués à la pratique ou à l'étude de l'agriculture.

D'un autre côté, ces mémoires étaient publiés sous les auspices de Louis XIV, au nom duquel se rattache l'inauguration de presque tous les monuments de notre gloire littéraire. La France, éblouie par l'éclat des grandes choses de ce règne, n'abaissait pas ses regards sur les arts simplement utiles, tels que l'agriculture et l'économie rurale. Assez prospère par elle-même sans chercher au dehors des secours de cette nature, et possédant parmi les contemporains plus de grands hommes que ne lui en ont fourni toutes les périodes réunies de son existence, elle vivait alors d'une vie intellectuelle par excellence. Ce qu'elle demandait avant tout aux missionnaires, c'étaient des découvertes pour les arts, pour les lettres, des vues nouvelles pour l'histoire de l'humanité. Aussi, quand le grand Roi chargea Fourmont de composer un dictionnaire qui devînt la clef de la langue chinoise, il n'avait certainement d'autre but que celui d'ajouter un nouveau rayon à l'auréole de sa gloire littéraire. La pensée d'appliquer cette étude à des intérêts matériels ne devait naître que plus tard et sous l'influence d'autres idées.

Le projet de Fourmont était d'exécuter son travail dans des proportions gigantesques, dignes du monarque qui l'en avait chargé; mais il mourut avant même d'avoir pu ébaucher son œuvre. Deux de ses élèves, des Hauterayes et de Guignes, héritèrent du soin de poursuivre cette immense entreprise, que les circonstances ne leur permirent point de mettre à exécution. L'honneur de publier le premier dictionnaire chinois imprimé en Europe était réservé au gouvernement impérial.

Avec le XVIIIe siècle s'était terminée en France la première période de l'étude du chinois. Survint 93, qui tarit à leurs sources nos richesses intellectuelles et commerciales, en promenant son sanglant niveau sur toutes les illustrations de la naissance, de la fortune ou du génie. Les langues orientales, comme toutes les branches des connaissances humaines, subirent la désastreuse influence de la perturbation générale, et ce ne fut que longtemps après qu'elles purent se relever du coup qui les avait frappées.

A cette date, où s'arrête notre règne scientifique, commence celui des Anglais, toujours habiles à profiter de nos malheurs et de nos fautes. Ce que la foi religieuse avait inauguré, la spéculation le continua. A la protection désintéressée de Louis XIV succédèrent les encouragements positifs du commerce anglais; nous avions étudié en artistes, les Anglais étudièrent en marchands, et furent aussi généreux dans leur but de trafic et de lucre que le grand Roi dans son but unique de gloire. La compagnie des Indes sème l'or à pleines mains dans le sillon des études chinoises, sûre de recueillir amplement le fruit de ses sacrifices. Des imprimeries anglo-chinoises sont fondées à Canton, à Macao, à Malacca, et Morrison reçoit une subvention de dix mille livres sterling pour l'aider à publier son grand dictionnaire, le meilleur et le plus complet que nous possédions.

On le voit, les tendances particulières des diverses époques ne s'étaient jamais prêtées à ce que l'agriculture fixât sérieusement l'attention des sinologues. Elle ne répondait pas plus aux intérêts commerciaux de la Grande-Bretagne qu'aux vues scientifiques de Louis XIV ou à la pensée religieuse des jésuites. Même à l'époque de la restauration de 1815, alors qu'on vit renaître en France, avec la prospérité et la paix, le règne des études si longtemps interrompu, les circonstances ne dirigèrent pas encore dans cette voie les laborieuses recherches des savants. Un jeune homme, avide de science et passionné pour tout ce qui venait de l'Orient, M. Abel Rémusat, eut le mérite de ressusciter chez nous l'étude du chinois, qu'avec son talent et sa persévérance bien connue il sut apprendre seul et sans maître; mais la littérature l'attirait trop exclusivement pour qu'il songeât à s'occuper d'une manière spéciale des questions botaniques ou agricoles; non qu'il ignorât la supériorité des Chinois à cet égard (1); mais, absorbé par la variété de ses propres travaux, il dut concentrer son attention sur le champ déjà si vaste de la critique et de la philologie.

MM. Stanislas Julien et Bazin, qui succédèrent à M. Abel Rémusat dans l'enseignement du chinois, continuèrent de nous faire connaître la philosophie, l'histoire et la littérature du Céleste-Empire; M. Julien, en nous donnant la première version exacte et littérale de Meng-tseu, et en nous développant cette fameuse doctrine du Tao du philosophe Lao-tseu, que l'on croyait jusqu'alors d'une difficulté de traduction insurmontable; M. Bazin, en s'adonnant à l'étude de la littérature moderne et surtout de l'art dramatique chez les Chinois.

(1) Il en parle avec éloge dans plusieurs morceaux de ses mélanges asiatiques, et particulièrement dans le mémoire intitulé : *La Chine et ses habitants*.

Enfin dans ces dernières années, alors que régnait partout une véritable fièvre d'industrie, la mission de 1844 reçut particulièrement pour instructions de demander à la Chine de nouveaux procédés de fabrication et de teinture. La question agricole fut considérée comme tout à fait accessoire.

Aujourd'hui que l'on semble comprendre l'immense danger de séduire les populations par l'image de ressources factices ; aujourd'hui que l'on reconnaît la nécessité d'encourager l'agriculture, cette mère des biens solides, cette conseillère d'ordre et de probité dans les familles, nous croyons le moment venu de mettre à profit les travaux des savants qui nous ont aplani la route, et d'exploiter les richesses que nous pouvons entrevoir.

La Chine, avons-nous dit, est la mine inépuisable dont les riches filons nous sont ouverts. Tous les voyageurs et tous les missionnaires sont unanimes à nous peindre les Chinois comme spécialement adonnés à l'art de tirer de la terre tout ce qu'elle peut produire. Le goût de l'agriculture et surtout de l'horticulture est profondément entré dans leurs mœurs.

On comprend que, dans un pays où la population est si agglomérée, où la nourriture végétale est surtout en usage, les habitants doivent appliquer leurs soins et leur intelligence à perfectionner de tous les arts le plus important pour eux, celui sur lequel repose leur subsistance. Si l'opinion générale refuse aux Chinois le don de pousser aussi loin que nous les études purement métaphysiques, personne du moins ne songe à leur contester une patience infatigable et une attention qui va jusqu'à la minutie dans les travaux auxquels ils se livrent. On sait aussi leur respect pour les enseignements de ceux qui les ont précédés dans la vie. Or, dans une science comme l'agriculture, où l'expérience et l'observation jouent un rôle si important, ne se pourrait-il pas qu'on eût à puiser de précieux enseignements chez ce vieux peuple, « si amoureux de l'agriculture, raconte naïvement un de nos plus anciens missionnaires, que, s'il arrive à la cour quelque messager d'un vice-roi, le monarque n'oublie jamais de s'informer de l'état des champs et des moissons; et qu'une pluie favorable est une occasion de visite et de compliments entre les mandarins. »

Ce goût et ce respect des Chinois pour l'agriculture se lit à chaque page de leur histoire. Les plus anciens monuments de leur littérature comme les décrets les plus récents de leurs empereurs, nous montrent le souverain constamment occupé à protéger une science qu'ils appellent la science par excellence.

Trois siècles avant Jésus-Christ, la propriété territoriale était déjà constituée parmi eux, et assurée par des lois protectrices à la population des campagnes. On voyait s'établir insensiblement les fermages *à moitié fruit* comme dans nos provinces méridionales, et dans une grande partie de l'Espagne et de l'Italie. Les impôts n'atteignaient en moyenne que le vingtième du revenu brut, tout en étant organisés de manière à peser sur les produits du sol dans le rapport inverse des frais qu'ils entraînent. Ainsi les céréales, dont la culture exige beaucoup de travail et de peine, ne supportaient qu'une imposition d'un trentième, tandis que les bois et les étangs, considérés comme d'un entretien facile, étaient imposés dans l'énorme proportion d'un quart. Les taxes se percevaient en nature; elles étaient basées, comme nous venons de le voir, sur une redevance de tant pour cent des productions agricoles (1). Il en résultait que le revenu de l'Etat se trouvait toujours proportionné au produit général annuel des terres de l'empire, en sorte que le souverain était directement intéressé au succès des agriculteurs. Aussi était-ce là sa préoccupation constante, et la plupart des rescrits impériaux ont-ils pour objet l'agriculture et la propriété.

De nombreux décrets établissent des peines sévères contre la paresse et le vagabondage, afin de supprimer cette classe de gens sans

(1) E. Biot. *Mémoire sur la condition de la propriété territoriale en Chine depuis les temps anciens.*

profession toujours prêts à fomenter le désordre et l'insurrection. D'autres ordonnances vont même jusqu'à condamner les agriculteurs négligents à être enterrés sans cercueil (1), peine très-grave chez un peuple qui attache autant d'importance à la sépulture. Il existe aussi des règlements spéciaux pour dégrever en tout ou en partie les familles chargées d'enfants, les laboureurs parvenus à un certain âge, les populations des districts qui ont eu à souffrir de la sécheresse, de la grêle, des sauterelles, des inondations, ou même les cultivateurs qui entreprendraient des travaux de défrichements ou de desséchements ; enfin, et ce sont les plus fréquents et les plus nombreux, de sages règlements sur l'importante question des irrigations qui, dès la plus haute antiquité, furent portées en Chine au plus haut degré de perfectionnement. On sait que, dans toutes les provinces, et jusqu'au cœur de l'Empire, les champs sont entourés d'une ceinture de rigoles dont les

(1) Ma-touan-lin. 文獻通考.

eaux proviennent des grands canaux qui sillonnent tout le pays, et qui sont eux-mêmes alimentés par les vastes cours d'eaux qu'on pourrait appeler les artères naturels de ce gigantesque système d'irrigation. Ma-touan-lin, le fameux encyclopédiste, qui vivait sous la dynastie des Youen (XIIIe siècle de notre ère), entre dans de grands détails sur les dimensions que doivent avoir les espaces entourés d'eau, et sur la largeur et la profondeur des différents canaux dont l'entretien était confié à des employés de l'Etat, appelés *souy-jin* (hommes des rigoles), lesquels avaient sous leurs ordres des *tsiang* (ouvriers).

Indépendamment de ces mesures générales et administratives, nous voyons le gouvernement chinois ne rien négliger de ce qui peut stimuler le zèle des agriculteurs et ennoblir à leurs propres yeux la profession qu'ils exercent (1). Des inspecteurs, chargés de

(1) Les livres des anciens philosophes n'ont pas médiocrement contribué à inspirer aux Chinois leur respect pour la science agricole. Ils rapportent que l'empereur Yao, dont ils placent le règne 380 ans après celui de Ching-nong, éloigna ses propres enfants du trône en faveur d'un jeune laboureur qu'il choisit pour lui succéder.

rendre compte de l'état des cultures, parcourent chaque année les provinces, et de leurs rapports dépend la disgrâce ou l'avancement des mandarins gouverneurs, récompensés ou punis selon qu'ils ont fait preuve de négligence ou de zèle dans l'administration agricole de leurs districts. La sollicitude impériale va plus loin ; elle arrive à encourager les efforts individuels : une récompense d'une haute valeur attend celui des agriculteurs de chaque province qui s'est le plus distingué par son travail et ses vertus de famille. Sur le rapport annuel du chef de district, l'empereur élève ce sage et diligent laboureur à la dignité de mandarin honoraire, distinction qui le met en droit de rendre visite au gouverneur, de s'asseoir à sa table, et de jouir des priviléges attachés au rang du magistrat dont il porte l'habit (1).

Enfin tous les ans a lieu cette fameuse cérémonie du labourage où l'Empereur, après avoir jeûné trois jours, sacrifie au *Chang-ti*(2)

(1) Du Halde.

(2) Littéralement : *Supremus Dominus*.

en le suppliant d'accorder à son peuple une heureuse année, et conduit ensuite lui-même la charrue, suivi des ministres et des grands, qui ensemencent les sillons derrière lui. Institution d'un effet immense dans un pays où le monarque s'appelle le fils du ciel, et où les populations jouissent encore de l'heureux privilége de savoir respecter le souverain.

Les monuments écrits d'une science aussi encouragée devaient nécessairement abonder à la Chine. Aussi le nombre des *Pen-tsao* (1), des encyclopédies, des ouvrages spéciaux sur telle ou telle culture est-il considérable.

Le catalogue de la bibliothèque impériale de Pé-king, dont M. Bazin publie en ce moment d'intéressants extraits, ne compte pas moins de vingt-cinq traités d'agriculture ou d'horticulture, et dans ce nombre ne sont compris que les plus importants. Ces trai-

(1) Les *Pen-tsao* 本草 sont des herbiers composés surtout pour les médecins chinois ; aussi n'y trouve-t-on point de renseignements sur la culture, mais seulement la description des plantes avec l'énumération de leurs vertus.

tés spéciaux furent presque tous publiés par ordre des empereurs.

La bibliothèque royale de Paris, qui renferme 20,000 volumes chinois, possède, indépendamment de plusieurs *Pen-tsao*, deux de ces vastes encyclopédies agricoles et horticoles dans lesquelles les savants du Céleste-Empire ont fait entrer en substance les fruits d'une expérience de tant de siècles. Le premier de ces deux recueils date de l'année 1607, et se compose de soixante livres. L'auteur est un lettré célèbre, qui avait longtemps occupé les emplois les plus éminents à la cour de Péking, et qui vécut dans l'intimité de l'illustre missionnaire Mathieu Ricci. C'est aux lumières de ce jésuite qu'il emprunta des notions sur différents systèmes de pompes et sur d'autres machines à irriguer d'origine européenne, que, dans son grand ouvrage, il fait connaître et recommande à ses compatriotes. Il leur indique les moyens d'en simplifier le mécanisme à l'aide de tuyaux naturels que fournit abondamment la tige du bambou.

L'usage de ces moyens d'irrigation, qui se

sont promptement répandus sur toute la surface de l'empire et qu'on trouve indiqués dans tous les traités postérieurs, prouve suffisamment que les Chinois ne sont stationnaires qu'autant que leur politique y est intéressée, et qu'ils savent très-bien profiter des progrès véritablement utiles.

Le second ouvrage, d'une date plus récente, est aussi plus long et plus complet. Il renferme presque tout ce qu'on lit dans le premier, à l'exception pourtant de deux sections d'un grand intérêt : une série de traités d'économie domestique renfermant toutes les recettes relatives à la préparation des aliments, et une nomenclature de tous les végétaux dont les feuilles, les fruits ou les racines peuvent servir à la nourriture en cas de disette. Cette encyclopédie, œuvre des docteurs les plus célèbres de l'empire aidés des praticiens les plus instruits, se compose de soixante et dix-huit volumes, et a été publiée par ordre de l'empereur Kien-long pour propager ce que la science avait produit de meilleur sur l'agriculture et l'horticulture.

C'est de cet ouvrage que M. Stan. Julien tira et traduisit le traité sur la culture du mûrier et l'éducation des vers à soie (1) qui fut publié en 1837, par ordre du ministre de l'agriculture et du commerce; ce traité, que le savant M. Robinet appelait l'évangile de la sériciculture, contribua puissamment à perfectionner chez nous cette industrie. On le traduisit dans toutes les langues de l'Europe, et les dix mille exemplaires tirés en français furent enlevés en moins de deux ans.

Des résultats si remarquables, et ceux non moins frappants obtenus il y a peu d'années dans les magnaneries du Vivarais, fortifièrent l'idée que nous nous étions faite de la supériorité des Chinois, quant aux sciences pratiques, et persuadés que leurs connaissances en agronomie ne devaient être en rien inférieures à leurs connaissances en sériciculture, nous formâmes le grand projet de traduire successivement non plus des fragments iso-

(1) En Chine cette industrie fait partie de la science agricole.

lés, mais une de ces vastes encyclopédies chinoises, afin de présenter le corps complet de leur système agricole avec la nomenclature des espèces qu'ils cultivent et l'explication de toutes leurs méthodes et de tous leurs procédés. Pour atteindre ce but, nous voulions publier en entier le grand recueil, 授時通考 auquel nous eussions ajouté les deux intéressants chapitres empruntés au recueil antérieur.

Malheureusement nous ne tardâmes pas à reconnaître combien cette entreprise était au-dessus de nos forces. Si le style en lui-même n'offrait pas de difficultés sérieuses, si peu à peu nous apprenions à nous familiariser avec certaines expressions qui nous avaient d'abord embarrassé, nous n'en étions pas moins arrêté à chaque pas par le terrible embarras de bien comprendre les termes techniques. Les dictionnaires sont d'autant plus insuffisants en cette matière, que l'agriculture chinoise a été moins étudiée par les Européens. Une plante attire-t-elle votre attention par les vertus que l'auteur lui attribue, cherchez son nom dans les dictionnaires de Morrison, de Gonzalvès ou de Basile, vous trouverez presque infailliblement des éclaircissements tels que ceux-ci : *Name of a plant.* — *O nome d'huma pranta che cresce nos montes.* — *Nom d'une certaine plante.* Ajoutons que les planches chinoises qui accompagnent le texte sont en général assez grossièrement exécutées ; elles suffisent sans doute aux Chinois pour reconnaître des végétaux qu'ils ont chaque jour sous les yeux, mais un botaniste européen serait souvent fort embarrassé de déterminer le genre de la plante représentée, à plus forte raison d'en préciser l'espèce. En vain l'excellente Chrestomathie de Bridgman, nous fournit-elle la liste traduite en anglais d'un certain nombre des végétaux les plus communs. Cette nomenclature très-incomplète est parfois même peu d'accord avec ce qu'on croit reconnaître dans les textes originaux. Il est vrai que les plantes qui soulèvent ce genre de difficultés sont pour la plupart inconnues en Europe, et ne sauraient par conséquent trouver de synonyme dans notre langue.

Ce qui restait pour nous dans l'ombre, était donc souvent ce qu'il nous eût semblé le plus important d'éclaircir. Nous nous vîmes dans la nécessité de suspendre l'exécution de nos projets, jusqu'à l'époque indéterminée où les moyens nous seraient fournis de surmonter ces obstacles. En attendant, et dans l'impuissance d'arriver présentement à notre but, nous nous décidons à publier cet opuscule, qui ne sera pas un abrégé tronqué du recueil que nous conservons l'intention de traduire plus tard en son entier, mais un simple mémoire destiné à appeler l'attention sur l'importance de l'agriculture chinoise. Nous nous bornerons à signaler quelques-unes des conquêtes à faire sur ce terrain si peu connu, conquêtes que la traduction que nous voulions entreprendre n'eût été qu'un moyen de commencer. Nous esquisserons d'abord rapidement le tableau de l'état de l'agriculture en Chine, comparé à celui de l'agriculture européenne. Nous passerons ensuite successivement en revue les richesses du règne végétal dans le Céleste-Empire, richesses que nos recherches préparatoires nous ont permis d'apercevoir, et dont nous avons pu apprécier l'importance à travers le voile qui les couvre encore. Nous examinerons si le sol et le climat de l'Europe occidentale et de l'Algérie ne seraient pas aptes à les accaparer ; si, indépendamment de ces races végétales particulières, il n'existe pas en Chine, pour ce qui concerne les travaux d'irrigation, l'assainissement des rizières, ce problème véritablement humanitaire, les méthodes de jardinage, les divers procédés d'économie domestique, des importations à faire d'une immense utilité. Nous terminerons en plaçant à la suite de notre mémoire l'analyse des matières contenues dans la grande encyclopédie agricole et horticole dont nous avons parlé plus haut. En attendant qu'il nous soit donné de faire connaître l'ouvrage en lui-même, on pourra du moins juger des nombreux documents qu'il renferme.

Maintenant, si l'on nous demande comment on doit marcher au but que nous voudrions voir atteindre, l'Angleterre, cette nation d'un si intelligent égoïsme, se chargera de répondre pour nous. Il suffira d'examiner ce qu'elle a fait et ce qu'elle fait encore. La différence des climats rend la plupart des productions chinoises à peu près impossibles sur le sol même de la Grande-Bretagne; mais, dans l'intérêt de ses colonies, elle a jugé nécessaire d'appeler l'attention des savants sur l'état des cultures dans le Céleste-Empire, et elle a mis tout en usage pour y parvenir.

C'est ainsi qu'elle a déjà développé sur une immense échelle la multiplication des nombreuses espèces de cotonnier, dans ses provinces méridionales de l'Inde, et qu'elle fait de nouveaux efforts pour acclimater l'arbre à thé dans les montagnes du nord de ce pays, où sa culture déjà brillante, comme nous le verrons plus loin, prépare une modification profonde dans l'industrie et le bien-être des populations indigènes de ces contrées, et semble présager pour la métropole elle-même un accroissement de prospérité, dont il est difficile encore d'apprécier toute l'importance.

Enfin, elle a récemment envoyé sur les lieux le savant botaniste, M. Fortune, afin de rechercher, parmi les procédés chinois, tout ce qui pourrait servir au développement agricole de ses possessions dans l'Inde, l'Afrique australe et l'Australie.

Ce que les Anglais ont su faire dans l'intérêt d'une colonie éloignée, le Piémont, la Lombardie ne voudront-ils pas le tenter dans l'intérêt de ces rizières qui, chaque jour, tendent à jouer chez eux un rôle plus important; l'Espagne, pour relever la culture aujourd'hui languissante des plaines de la Galice; la France enfin, pour enrichir ses provinces méridionales, et surtout l'Algérie, cette terre si fertile, si favorable à la reproduction des végétaux de l'Asie, qui, en doublant les produits du sol, contribueraient inévitablement à en hâter la colonisation?

PREMIÈRE PARTIE.

CONDITIONS GÉNÉRALES DE L'AGRICULTURE ET DE L'HORTICULTURE EN CHINE.

I.

Parallèle de l'agriculture de la Chine et de celle de l'Europe.

Les voyageurs et les missionnaires qui ont parcouru le Céleste-Empire s'accordent à nous faire le tableau le plus séduisant de l'aspect que présentent les campagnes. Point de ces landes arides qu'on rencontre si souvent dans nos plus fertiles provinces; point de friches, pas un coin de terre oublié; la culture a tout envahi, quelquefois même jusqu'à la surface des rivières, qu'en certains endroits elle couvre de jardins flottants; partout aussi se presse une population industrieuse, principalement adonnée aux travaux agricoles. Des villes immenses, des villages qui, ailleurs, seraient des villes, une multitude de hameaux, reliés entre eux par un véritable réseau de fleuves navigables et d'innombrables canaux, entretiennent et facilitent la prodigieuse activité du commerce intérieur.

Si le travail et la production pouvaient à eux seuls constituer la prospérité réelle d'un peuple, la Chine devrait occuper le premier rang dans la hiérarchie des nations civilisées, car l'excessif développement de la culture semble y avoir atteint sa dernière limite. Malheureusement pour les Chinois, ces grands résultats sont dus à leur état permanent de gêne et de souffrance, et ce que nous admirons surtout chez eux, pour en tirer quelquefois parti au point de vue européen, ce sont les efforts continuels d'une population exubérante qui doit arracher sa subsistance au sol; efforts sans lesquels la disette, avec son hideux cortége de troubles et de maladies, viendrait fondre sur le pays. N'est-ce point un spectacle digne d'intérêt que celui de ce peuple qui lutte avec tant d'énergie contre l'appauvrissement séculaire d'un sol que le manque d'engrais ne lui permet pas de renouveler, et qui supplée en quelque sorte par les ressources de son industrie à la dureté des conditions dans lesquelles se pratique son agriculture ?

Cette corrélation entre de tristes causes et d'admirables effets, avait frappé les savants missionnaires qui portent en Chine l'enseignement évangélique. Pénétrant au cœur de l'empire et séjournant dans les provinces plus longtemps qu'aucun Européen, ils sont certainement plus à même que personne d'apprécier à sa juste valeur l'agriculture chinoise prise dans son ensemble.

Nous croyons donc ne pouvoir mieux commencer l'esquisse que nous nous proposons de faire, qu'en plaçant ici tout d'abord le tableau qu'un de ces missionnaires traçait lui-même au commencement du siècle dernier :

« Que le lecteur jette un coup d'œil sur la carte d'Asie, pour voir l'étendue de notre Chine, la variété de ses climats et les peuples divers dont elle est entourée. Il trouvera qu'elle est d'une étendue immense, qu'elle réunit tous les climats et n'a autour d'elle que des nations errantes ou à demi barbares, et il en conclura d'abord que, réduite à elle-même, elle peut et doit se suffire ; mais en songeant qu'elle est prodigieusement peuplée et qu'elle le devient tous les jours davantage, parce que les grandes maladies sont rares, que les lois sont florissantes, que le mariage est en honneur, que le nombre des enfants est une richesse, et que la paix au dedans et au dehors est presque inaltérable, il sentira bientôt que ce n'est qu'à force de travail, d'industrie et d'économie qu'elle peut avoir, nous ne disons pas l'agréable, mais l'honnête et le nécessaire.......

« En France, les terres se reposent de deux années l'une (1) ; de vastes terrains demeurent en friche ; les campagnes sont entrecoupées de bois, de prairies, de vignobles, de parcs, de maisons de plaisance, etc. Rien de tout cela ne saurait se rencontrer ici. La doctrine même des anciens sur la piété filiale, n'a pu sauver les sépultures dans les révolutions. Les petites surgissent et disparaissent dans les champs, d'une génération à l'autre ; la superstition

(1) Ceci était exact à l'époque où écrivait l'auteur du mémoire auquel nous empruntons ce passage ; aujourd'hui il n'en est plus tout à fait ainsi. Dans tous les pays de riche culture, le système des jachères proprement dites, a été remplacé, et cela avec un immense avantage, soit par la culture des racines et autres plantes sarclées peu exigeantes, soit par des semis de plantes fourragères, principalement de légumineuses, qui laissent plus à la terre qu'elles ne lui prennent. L'introduction du trèfle et du sainfoin dans les assolements, a changé presque complétement la face de l'agriculture du centre de l'Europe.

a aidé la politique à reléguer peu à peu celles des grands et des riches dans les montagnes ou dans les endroits stériles fermés à l'agriculture. Bien que la terre soit épuisée par trente-cinq siècles de moissons, il faut qu'elle en donne chaque année une nouvelle, pour fournir aux pressants besoins d'un peuple innombrable. Cet excès de population qui a été ici la première cause des révolutions, comme chez les Tartares errants, celle de leurs émigrations et de leurs conquêtes, et qui rend le gouvernement si difficile, si délicat et si pénible ; cet excès de population, dont les philosophes modernes de l'Europe n'ont pas même soupçonné les inconvénients et les suites, augmente ici le besoin de l'agriculture, au point de montrer les horreurs de la famine comme la conséquence subite et inévitable des moindres négligences.

« Sans les montagnes et les marais, la Chine serait absolument privée du bénéfice des bois, de la venaison et du gibier : ajoutons que la force et l'industrie de l'homme font tous les frais de l'agriculture. Il faut plus de travail et plus d'hommes pour avoir la même quantité de grains qu'ailleurs. La somme totale en est inconcevable ; cependant elle n'est que suffisante, et ne suffit encore, que parce qu'elle est régie et distribuée avec une économie prévoyante, qui compense une année par l'autre et qui entretient le niveau dans toutes les provinces.

« Les cochons et la volaille sont presque la seule viande de la Chine, d'où il suit qu'on doit en manger peu, distributivement, et que l'industrie a besoin de toutes ses ressources pour en nourrir une certaine quantité. Nous avons dit *presque*, parce que nous parlons de l'empire, envisagé dans son universalité par rapport à cet objet. Il y a en effet des districts mieux partagés à cet égard et qui nourrissent beaucoup de troupeaux. Il y en a où le labourage se fait avec des bœufs, des buffles et des chevaux ; mais, proportion gardée, il y a au moins dix bœufs en France contre un en Chine. »

L'auteur du mémoire que nous citons se pose alors à lui-même la question de savoir si la Chine est en résumé plus mal partagée que l'Europe sous le rapport de la nourriture. Il n'hésiterait pas à se prononcer pour l'affirmative si la comparaison ne portait que sur le régime alimentaire des habitants de nos grandes villes. Mais, ajoute-t-il, il faut examiner impartialement à quoi se réduit en France comme dans le reste de l'Europe, la boucherie des campagnes; d'ailleurs c'est surtout dans les provinces méridionales du Céleste-Empire que le bétail est rare, et l'usage de la viande n'est ni nécessaire, ni sain dans les pays chauds. « Les anciens habitants de la Chine auxquels la viande ne manquait point, en mangeaient encore moins que les modernes. Observons cependant, 1° que la Tartarie fournit tous les ans à la ville de Pé-king et à toute la province une quantité prodigieuse de bœufs, de moutons, de cerfs, etc.; que les côtes de la mer, depuis la grande muraille jusqu'au bout de la province de Canton, les lacs, les étangs, les rivières, etc., donnent continuellement toute sorte de poissons. La pêche seule du grand Kiang (1), situé au milieu de l'empire, équivaut à celle des plus grands fleuves d'Europe réunis; 2° que les montagnes dont toutes les provinces sont entrecoupées, ont quantité de gibier et de vénaison; 3° que la nécessité, mère de l'industrie, a appris aux Chinois à tirer parti de beaucoup de légumes, d'herbages, de plantes, de racines qui croissent d'elles-mêmes dans les campagnes et qui ne demandent

(1) 大江 *Ta-Kiang*, le plus grand fleuve de la Chine et l'un des plus grands du monde. Il traverse le Thibet et toutes les provinces centrales du Céleste-Empire, et va se jeter dans la mer de la Chine, après un cours de 828 lieues. « Si la mer n'a point de bornes, le grand Kiang n'a point de fond, dit un proverbe chinois. »

point de culture ; 4° que, bien qu'il ne puisse pas y avoir beaucoup de terres en vergers et en jardins, les enclos des maisons, les avenues des villages, les collines y suppléent, et sans leur extrême population, la plupart des provinces de Chine seraient au niveau des provinces de France les mieux partagées

« La Chine a peu de laines et ne fait presque point de toiles de chanvre ni de lin, mais la soie, les cotons, les racines et les écorces de plusieurs espèces y suppléent abondamment. La quantité de soie qu'on recueille chaque année, est incroyable. La récolte du coton va plus loin encore, parce qu'elle est plus générale, plus facile, et que toutes les provinces sont également bien partagées. Quant aux racines et aux écorces elles ne sont guère qu'un agrément, à cause de la légèreté des toiles qu'on en fait pour l'été. Remarquons en passant que la consommation en vêtements est très-restreinte dans toutes les provinces méridionales, et que, dans les autres même, elle est beaucoup moindre qu'en France pendant plus de quatre mois (1). »

On sait aujourd'hui que l'agriculture n'est plus

(1) *Mémoires des missionnaires de Pé-king;* tome IV.

un art à principes absolus, un art qui puisse s'exercer indépendamment des circonstances qui l'environnent. Loin d'être indépendante, elle est essentiellement subordonnée aux conditions politiques, tout au moins autant qu'à celles qui proviennent du sol ou du climat. La Chine nous en fournit l'exemple : parce qu'elle est démesurément peuplée, le morcellement de la propriété foncière a été poussé à ses dernières limites ; à part un nombre infiniment restreint de familles qui possèdent encore des terres d'une certaine étendue, tout le reste cultive des parcelles tellement réduites, qu'elles ne comportent plus le travail des animaux de ferme, et d'ailleurs comment nourrir ces animaux, lorsque le sol tout entier, sans cesse pressuré par la culture, livre à peine ce qui est suffisant pour faire vivre la famille? De là résultent, à notre point de vue du moins, les plus graves inconvénients : outre la rareté de la viande et des autres produits animaux, il y a pénurie d'engrais, malgré le soin extrême qu'apportent les Chinois à recueillir tout ce qui peut rendre à la terre un peu de sa fertilité; le défaut de fumure, fait qu'elle s'épuise et ne peut plus donner ces riches produits que nous offrent les champs de l'Angleterre ou du nord de la France. Il faut dès-lors renoncer à la culture des espèces exigeantes, pour se rabattre sur celles qui ne demandent presque rien à la terre ; abandonner le blé, si riche en principes azotés, pour lui substituer le riz si pauvre de ces mêmes principes ; substituer de même le coton et la soie à la laine et au chanvre, comme le thé à la vigne, c'est-à-dire remplacer par des produits qui sont partout ailleurs du luxe, les objets que l'on considère avec raison comme les plus indispensables à l'existence.

Prise dans son ensemble, l'agriculture chinoise ne trouve donc point son analogue dans l'agriculture européenne, puisque cette dernière, outre qu'elle s'exerce plus spécialement sur des espèces végétales dont le rôle en Chine n'est que très-secondaire, considère la production du bétail comme sa base la plus essentielle, et que l'axiome du vieux Caton *bene pascere* est plus que jamais regardé chez nous comme la règle dominante pour ne pas dire l'unique règle du cultivateur. Toutefois, si l'on abandonne l'ensemble de l'agriculture de l'Europe pour en scruter les détails, on trouvera certains modes d'opérer qui se rapprochent davantage des allures de l'agriculture chinoise. Il existe, par exemple, une certaine analogie, une certaine ressemblance même, au point de vue agricole, entre la Flandre et la Lombardie d'une part et la Chine de l'autre. En Flandre comme en Chine, la propriété est très-morcelée; là aussi, le travail de l'homme remplace en partie celui des animaux domestiques, et l'engrais humain celui des étables. La Lombardie, outre qu'elle nous montre un sol également morcelé, se livre en grand à la culture du riz, suivant en cela des procédés qui ne s'éloignent pas beaucoup de ceux des Chinois. Mais là s'arrêtent les analogies, car pour ces deux contrées les résultats sont tout opposés; tandis que la Chine ne fournit rien ou presque rien à l'exportation, consommant elle-même la totalité de ce que son sol peut produire, la Flandre et la Lombardie comptent parmi les contrées les mieux cultivées et les plus riches de l'Europe, et fournissent d'immenses quantités de leurs produits à l'exportation. La différence de ces résultats est du reste facile à expliquer.

Ainsi que nous l'avons dit, l'agriculture est toujours puissamment subordonnée aux conditions politiques et commerciales qui en déterminent quelquefois d'une manière absolue, non-seulement la marche, mais aussi les succès et les revers. En Europe, il est rare qu'un pays ne produise que les objets qu'il consomme, comme il est rare qu'il n'ait pas à demander aux pays voisins, quelques-uns des objets dont il a besoin. De là ce mouvement commercial, cet échange des produits de la terre, qui vivifie l'agriculture en assurant à chaque district agricole l'écoulement des denrées que son sol est le plus apte à produire. Là est tout le secret de la prospérité de la Flandre et de la Lombardie. Entourées toutes les deux de pays riches en bestiaux qui leur fournissent les engrais nécessaires, elles peuvent consacrer la presque totalité de leur territoire à des cultures exceptionnelles dont les produits trouveront dans les pays voisins un prompt et facile débouché. Ce seront le riz, la betterave, la garance, le lin, le tabac, ou autres plantes industrielles qui ne viendraient point ou viendraient plus mal ailleurs ; mais que le sort de la Lombardie ou de la Flandre serait différent, si le reste de l'Europe pouvait produire aussi bien qu'elles et à aussi bon marché les denrées qui font toute leur richesse, ou seulement si leur position géographique les eût éloignées des principaux foyers de la consommation européenne.

On voit qu'il serait inutile de chercher dans l'agriculture chinoise cette science des assolements, science toute européenne, et, nous pouvons ajouter, toute moderne, puisque c'est elle qui a détrôné l'ancien système des jachères, qui règne même encore en certaines provinces de France, pays où l'agriculture est loin cependant d'être aussi arriérée que certains théoriciens affectent de le croire. La jachère elle-même, qui est l'enfance des rotations, n'est pas usitée en Chine, non par défaut de connaissances de la part des Chinois, mais par suite de la nécessité de demander tous les ans à la terre les mêmes produits. C'est la conséquence forcée de cet extrême morcellement du sol, dont les causes ont été développées plus haut.

Nous allons essayer de donner une idée moins superficielle de l'état de l'agriculture chinoise, en empruntant quelques détails aux notes publiées il y a trois ans sur ce sujet, par M. Fortune, qui, indépendamment des rapports relatifs à la mission spéciale dont l'a chargé son gouvernement, envoie souvent au *Gardner's Chronicle* des articles d'un vif intérêt.

Nous devons dire d'abord que M. Fortune ne professe pas une grande admiration pour le peuple chinois et pour ses procédés agricoles. Peut-être la comparaison qu'il a dû faire en arrivant dans le Céleste-Empire de son agriculture avec celle de l'Angleterre, l'a-t-elle conduit à exagérer l'infériorité de la première. Mais cette prévention même en faveur de l'agriculture de son pays, donnera plus de force à son témoignage lorsqu'il reconnaîtra quelque supériorité aux méthodes chinoises, que ses connaissances spéciales lui permettent d'ailleurs de bien apprécier.

Le sol des montagnes et des collines dans les provinces méridionales est très-maigre. Il se compose d'une argile sèche, ardente, mêlée à de petits fragments de granite. On y aperçoit cependant quelques herbes, et les habitants récoltent de chétives broussailles comme matériaux de combustion, telles que les *Campanula grandiflora*, *Glycine sinensis*, *Azaléas*, Clématites de différentes espèces, Rosiers sauvages, etc. La plus grande partie de ces montagnes est inculte et incultivable ; le seul produit utile qu'on en pourrait retirer, serait celui du bois, si les Chinois se doutaient de l'importance des forêts sur les terrains en pente ; mais, absorbés par les soins de la culture morcelée et individuelle, le reboisement des montagnes est une opération trop vaste et dont les résultats sont trop éloignés pour qu'ils songent à l'exécuter, bien que le bois soit déjà très-rare dans tout l'empire.

Si les flancs des montagnes sont improductifs dans certaines provinces, les vallées en revanche sont toutes cultivées, bien que toutes soient loin d'être naturellement fertiles ; c'est là que les Chinois plantent leur thé, leur pomme de terre douce et l'arachide.

Vers le nord, l'infertilité des montagnes est plus générale, écrit M. Fortune ; les voyageurs peuvent parcourir des espaces de plusieurs milles sans rencontrer un brin d'herbe (1).

(1) Il est permis de croire que ces montagnes incultes, dont parle M. Fortune, n'existent guère qu'aux frontières de l'empire chinois. Voici comment le père du Halde, dont le témoignage est d'un grand poids, s'exprime sur le même sujet.

« Toutes les montagnes de la Chine sont cultivées ; mais on n'y aperçoit ni haies, ni fossés, ni presque aucun arbre, tant les Chinois ménagent un pouce de terre.

» C'est un spectacle fort agréable, dans quantité de lieux, que de voir des plaines de trois ou quatre lieues de longueur, environnées de collines et de montagnes qui, depuis le pied jusqu'au sommet, sont coupées en terrasses hautes de trois ou quatre pieds, qui s'élèvent quelquefois, l'une sur l'autre, jusqu'au nombre de vingt ou trente. Ces montagnes ne sont pas ordinairement pierreuses comme celles de l'Europe. La terre est si légère, qu'elle se coupe aisément, et si profonde, dans quelques provinces, qu'on la creuse l'espace de trois ou quatre cents pieds sans rencontrer le roc. Lorsqu'il s'y trouve des pierres en trop grand nombre, les Chinois trouvent le moyen de les en purger, et bâtissent de petits murs pour soutenir les terrasses ; ils aplanissent les bonnes terres et les ensemencent de diverses sortes de grains.

Mais dès que l'on arrive vers la rivière de Min près de Fou-tchéou-fou, capitale du Fo-kyen (Lat. 26°, longit. 117°), la végétation des montagnes change

« Ils poussent encore plus loin l'industrie; quoique dans quelques provinces les montagnes soient stériles et incultes, cependant, comme les vallées et les champs qui les séparent en quantité d'endroits sont féconds et bien cultivés, les habitants mettent d'abord au niveau tous les lieux inégaux qui sont capables de culture. Ensuite ils divisent, en différentes pièces, toute la terre qu'ils ont ainsi nivelée; et de celle qui borde les vallées et qu'ils ne peuvent rendre égale; ils composent des étages en forme d'amphithéâtres. Le riz qu'ils sèment dans l'une et dans l'autre, ne pouvant croître sans eau, ils font des réservoirs à certaines distances et d'une juste hauteur pour recevoir la pluie et les autres eaux qui descendent des montagnes, et la distribuer également dans toutes leurs pièces de riz, soit en la faisant tomber des réservoirs dans les pièces d'en bas, soit en la faisant monter jusqu'aux plus hauts étages de leur amphithéâtre. Ils emploient pour cela une machine hydraulique, dont le jeu est aussi simple que la composition. Elle est composée d'une chaîne de bois, ou d'une sorte de chapelet de petites planches carrées, de six ou sept pouces, qui sont comme enfilées parallèlement à d'égales distances. Cette chaîne est passée dans un tube carré, à l'extrémité inférieure duquel est un cylindre ou un baril, dont l'axe est fixé des deux côtés. A l'autre bout, est attaché une espèce de tambour, entouré de petites planches, pour répondre à celles de la chaîne, qui passe autour du tambour et du cylindre, de sorte que, lorsque le tambour tourne, la chaîne tourne aussi. Le bout inférieur du tube portant dans l'eau, et le bout du tambour étant élevé à la hauteur où l'eau doit être conduite, les planches qui remplissent exactement la cavité du tube poussent continuellement l'eau, tandis que la machine est en mouvement; ce qu se fait par trois moyens : 1° avec la main, par le secours d'une subitement d'aspect, et ce changement est dû à la nature du sol qui le recouvre : il se compose alors d'une argile assez tenace, mélangée, dans une assez forte proportion, d'humus et de débris végétaux;

ou deux manivelles attachées aux deux bouts de l'axe du tambour; 2° avec le pied, par le moyen d'une grosse cheville de bois, d'un demi pied de longueur, ajustée dans cette vue à l'axe du tambour. Ces chevilles ont la tête assez longue et bien arrondie, pour y placer commodément la plante nue du pied; de sorte, qu'une ou plusieurs personnes peuvent mettre sans peine la machine en mouvement, tandis que leurs mains sont employées à tenir un parasol et un éventail; 3° avec le secours d'un buffle ou de quelque autre animal attaché à une grande roue de quatre brasses de diamètre et placée horizontalement. On fixe autour de sa circonférence un grand nombre de chevilles ou de dents qui, s'ajustant exactement avec celles du tambour, font tourner très-facilement la machine.

« Lorsqu'on a besoin de nettoyer le canal, ce qui arrive fort souvent, on le divise, à certaines distances, par des fossés; et chaque village voisin ayant sa part du travail, les paysans paraissent aussitôt avec leur machine à chaîne, qui sert à faire passer l'eau d'un fossé à l'autre. Cette entreprise, quoique pénible, est bientôt finie à cause de la multitude des ouvriers. Dans quelques endroits de la province de Fo-kyen, les montagnes sont contiguës, sans être fort hautes. Mais, quoiqu'on y trouve à peine quelques vallées, l'art des habitants est parvenu à les cultiver, en conduisant de l'une à l'autre une abondante quantité d'eau par des tuyaux de bambou.

« C'est à cette admirable industrie des paysans que la Chine est redevable de l'abondance de ses grains et de ses légumes, dont elle est mieux fournie que toutes les autres régions du monde. »

(*Chine du père du Halde.*)

aussi ces montagnes sont-elles cultivées jusqu'à une hauteur de 3,000 mètres au-dessus de la mer.

Le sol des plaines et des vallées varie tout autant suivant les différentes provinces. Au sud, par exemple, il se compose d'une argile forte, mêlée à une très-faible portion de matières organiques. Dans le district de Min, où la proportion d'humus est très-considérable, le sol est extrêmement fertile. On peut dire, en général, que plus les plaines et les vallées sont basses, plus leur sol se rapproche par son peu de fertilité de celui des provinces du sud, et *vice versa*; par exemple, le district de Chang-haï, qui est de quelques mètres plus haut que le district de Ning-po, contient plus d'humus que ce dernier, et est par conséquent le plus fertile des deux.

Le riz est, on le sait, la céréale par excellence du Céleste-Empire ; c'en est aussi la principale culture, surtout dans les provinces méridionales, où deux récoltes en sont faites dans l'année : pour la première, le sol se prépare au printemps. Les charrues, ordinairement attelées d'un buffle, de mulets ou de jeunes bœufs, sont un instrument grossier, mais qui remplit cependant bien les conditions exigées ; les Chinois les préfèrent aux nôtres, qui leur paraissent trop lourdes.

Le champ destiné à la culture du riz est inondé avant d'être labouré, de sorte qu'il s'y dépose une couche de limon de 15 à 20 centimètres d'épaisseur. La charrue n'entame et ne retourne que cette couche; et, pour l'y faire passer, le laboureur et son attelage marchent dans la vase et dans l'eau, ce qui constitue un travail extrêmement fatigant. Après le labour vient le hersage pour égaliser le sol. Le laboureur se place ordinairement sur la herse afin de la faire entrer davantage dans le limon.

Le sol ainsi préparé et recouvert d'une couche d'eau de 8 millimètres, est apte à recevoir les jeunes plants de riz, semés d'abord en pépinière dans un autre endroit, pour en être retirés avec beaucoup de précaution; on choisit les plus beaux pieds, qu'on réunit par petits paquets d'une douzaine environ. Un homme les répand sur le sol, à une certaine distance les uns des autres; puis un autre, qui le suit, creuse avec sa main droite de petits trous disposés en lignes et éloignés les uns des autres d'environ 30 centimètres, dans chacun desquels il place un des petits paquets de plants dont les racines sont immédiatement couvertes de limon, entraîné par l'eau qui coule dans ces trous dès que l'ouvrier en retire la main. Cette opération se fait avec une grande célérité.

Dans les provinces du sud de la Chine, la première récolte du riz a lieu vers la fin de juin ou au commencement de juillet. Immédiatement après, on façonne de nouveau la terre et l'on plante de jeunes pieds pour la seconde récolte, laquelle a lieu en novembre.

Aux environs de Ning-po, par 30° de latitude, l'été est déjà trop court pour obtenir deux récoltes successives; afin de suppléer autant que possible à ce désavantage, le cultivateur plante, deux ou trois semaines après la première plantation et dans les intervalles, d'autres jeunes pieds de riz, qui lui donneront une seconde récolte. Il faut seulement, après avoir enlevé la première, remuer un peu la terre et la fumer, ce qui se fait en brûlant les chaumes et les racines du riz de la récolte précédente, qu'on enlève avec précaution, de peur de déraciner les plantes qui croissent à côté, et dont on répand les cendres sur le champ. C'est là un bien faible engrais, mais le riz en demande peu, et, d'ailleurs, les Chinois n'en ont guère à distribuer. Ils se servent pour moissonner le riz, d'une faucille très-analogue à la nôtre. La moisson, une fois enlevée et séchée, est battue sur une aire en plein soleil, comme on en agit à l'égard du blé, dans le midi de l'Europe, si le climat le permet; dans le nord de l'empire, on le rentre pour le battre en grange. On voit que les mêmes besoins, sur des points excessivement éloignés du globe, ont fait découvrir et employer les mêmes procédés (1).

(1) Nous avons lu, à la bibliothêque royale, dans une comédie chinoise, qui du reste mériterait d'être traduite, et qui fut composée sous la dynastie des *Youen*, XIIIe siècle de notre ère, un passage curieux, à ce point de vue des mêmes procédés usités à des époques si différentes chez des peuples si éloignés les uns des autres.

Un meunier rend compte à son maître des diverses travaux auxquels il emploie sa journée. « Lorsque j'ai choisi mon blé 麥 dit-il, il faut d'abord que je le passe au crible 篩, ensuite il faut que je le lave 淘, ensuite il faut que je le fasse sécher au soleil 曬, ensuite il faut que je l'écrase sous la meule 磨麪, et quand la farine est faite, il faut que je la blute 打羅.»

On sait que l'usage de laver le grain et de l'exposer ensuite au soleil est général dans les provinces du midi de la France; mais le meunier chinois termine son récit par l'énonciation d'un dernier soin qui caractérise parfaitement l'économie agricole de son pays, où l'homme cherche à s'approprier toute la substance alimentaire sans avoir, comme chez nous, un nombreux bétail à nourrir.

« Quand ma farine est blutée, ajoute-t-il, il faut encore que je lave le son 洗麩.»

Ces détails sur la culture du riz, dans lesquels nous sommes entrés à dessein, confirment ce que nous disions plus haut de l'agriculture chinoise; elle abonde en main-d'œuvre et n'opère qu'en petit; c'est un véritable jardinage exercé sur le sol agricole, aussi les auteurs chinois donnent-ils, au sujet des soins réclamés par les céréales, des instructions plus minutieuses que celles qu'on trouverait chez nous dans un traité de floriculture. La manière de fumer, de labourer, de semer, de herser, etc., subira suivant eux, des modifications infinies, subordonnées à mille éventualités soigneusement prévues. Concentrant tous ses efforts sur une étroite parcelle de terre, le cultivateur recueille avec une attention extrême tout ce qui peut rendre au sol un peu de sa fertilité primitive, et surtout l'engrais humain, le seul vraiment digne du nom d'engrais que produise la Chine; c'est d'ailleurs quelque chose de tout à fait instructif pour le cultivateur européen, que l'art avec lequel les Chinois le recueillent et le préparent pour les besoins de leur culture. Sous ce rapport, la Chine est beaucoup plus avancée que l'Europe, et pourrait lui fournir d'excellents exemples (1).

(1) N'est-ce pas, en effet, quelque chose de déplorable, au point de vue agricole, que l'incurie avec laquelle on gaspille

Indépendamment de l'engrais dont il vient d'être question, le cultivateur chinois ne néglige rien de ce qui peut amender la terre. Il économise les restes des poissons de toute espèce, des crabes et autres crustacés marins, les cheveux et les crins coupés, des débris de végétaux entassés avec des pailles de rebut, des herbes potagères avariées, des épluchures, etc., qu'il fait fermenter ou bien auxquelles il met le feu, et dont il fabrique ensuite différents composts, en y mêlant de la cendre ou de la terre brûlée. Les chiffons, les os, les coquillages, la chaux, la suie, et enfin toutes les espèces de décombres, sont recherchés et utilisés en Chine comme en Europe. Il n'y a pas jusqu'au limon du marais et des rivières qui ne soit recueilli et débité comme engrais.

Mais une des branches de l'agronomie qui paraît avoir été le plus perfectionnée par les Chinois, sans doute en raison du rôle important qu'elle joue dans

chez nous un engrais d'une haute valeur, que les eaux pluviales enlèvent journellement de nos villes pour les porter aux rivières qu'elles corrompent, et de là à la mer, où cet engrais est à tout jamais perdu pour notre agriculture? On a cependant fait quelques progrès sous ce rapport : il y a moins d'un siècle, la ville de Paris payait des sommes considérables pour faire enlever les boues et les issues de ses rues ; aujourd'hui elle en afferme l'enlèvement et y trouve un grand bénéfice ; mais on est bien loin encore d'en tirer tout le parti qu'en tirent les Chinois.

leur politique, c'est celle de la conservation des grains durant plusieurs années.

Le système des greniers publics, où l'impôt en nature s'accumule dans les années d'abondance, et que l'empereur ouvre libéralement dans les années mauvaises, est un des rouages les plus importants du gouvernement chinois (1).

On sait combien est couteuse chez nous la conservation du blé en grenier, le budget des manutentions militaires pourrait au besoin nous fournir des chiffres, s'il n'était point superflu d'en donner. L'établissement de bons silos dans les provinces dont le sol est souvent humide, présente aussi des difficultés que jusqu'ici on n'a pu surmonter que très-imparfaitement chez nous, tandis qu'en Chine on en construit d'irréprochables au milieu des districts les plus marécageux. De sérieuses recherches sur le mode de construction de ces greniers souterrains, sur le

(1) Ces énormes approvisionnements, en assurant au gouvernement le monopole des grains, empêche les particuliers de s'en emparer dans un but de spéculation. Un service continuel de bâteaux permet à l'État de maintenir la balance entre les greniers des diverses provinces. Dès que l'une d'elles est en souffrance, de nombreux convois y sont dirigés, et, si la disette arrive à se faire sentir, la subsistance est distribuée gratis aux indigents par les magistrats, au nom du souverain qui s'intitule *le père et la mère* de son peuple.

choix des matériaux qu'on y emploie, peut-être même sur des préparations à faire subir aux grains avant de les emmagasiner, amèneraient probablement de nombreux et intéressants résultats.

Quant à l'outillage agricole des Chinois, nous croyons que les emprunts à lui faire seraient beaucoup moins importants.

On peut dire, en général, que ce qui caractérise les instruments ruraux de la Chine, comparés aux nôtres, c'est leur simplicité et leur légèreté. La charrue, cette primitive invention de tous les peuples agriculteurs, paraît n'avoir pas changé depuis les temps anciens. Elle a quelque ressemblance avec ce que nous appelons *houe à cheval*. Ajoutons cependant que, dans quelques districts, elle a reçu d'assez importantes modifications pour la rapprocher de quelques instruments d'Europe, et qu'on a même cherché à lui imprimer des formes diverses, en rapport avec les différentes constitutions du sol à labourer. Nous avons au Conservatoire des Arts et Métiers un modèle de charrue chinoise destinée à tracer plusieurs sillons à la fois, et qui ne manque pas d'un certain art dans sa construction, mais c'est plutôt un objet de curiosité qu'un appareil véritablement utile, et dans tous les cas on ne conçoit pas l'avantage d'un instrument qui, tout en exigeant une dépense de force proportionnée à la quantité de terre remuée, est, à raison de sa composition même, beaucoup plus difficile à manier que ceux qu'une longue expérience a fait prévaloir.

Peut-être aurions-nous plus d'avantage à emprunter à la Chine quelques-uns des semoirs dont on y fait usage, surtout pour la culture du blé. Nous trouvons dans le traité 授時通考, diverses figures représentant des semoirs dont la forme paraît aussi ingénieuse qu'originale; mais ces figures sont exécutées avec trop peu de soin, pour qu'on puisse se faire une idée exacte de la structure intérieure de ces instruments, que le texte d'ailleurs n'explique pas suffisamment. On sait tous les essais de nos agriculteurs pour fabriquer des semoirs remplaçant la main de l'homme, et combien les appareils, pourtant si variés, que l'on a inventés, sont loin de répondre au but que l'on s'était proposé (1). Les Chinois auront-ils été plus heureux sur ce point; c'est ce que l'expérimentation pourrait seule nous

(1) Le semoir *Hugues* remplit assez bien les conditions d'un bon ensemencement, savoir : économie de semence et espacement égal; mais il a l'inconvénient d'être très-cher, et, par conséquent, hors de la portée du petit cultivateur.

apprendre si l'on avait entre les mains des instruments importés du pays.

Dans la catégorie des instruments nous rangerons les appareils servant aux irrigations, opérations fort importantes, et qui sont certainement mieux entendues à la Chine que partout ailleurs, et cela, on le conçoit, à raison de la nature même de leur principale culture, celle du riz, qui ne peut prospérer qu'avec des arrosements copieux et pour ainsi dire perpétuels. La nécessité, mère de l'invention, a appris aux Chinois à tirer parti, non-seulement des sources naturelles ou des puits creusés de main d'homme, mais aussi des fleuves et des rivières dont les eaux, élevées au moyen d'appareils hydrauliques, sont partout utilisées au profit des cultures. Ils ont, comme nous, des manéges et norias, mus par la force d'animaux domestiques, ou par celle des cours d'eaux eux-mêmes.

Il serait intéressant de savoir s'ils n'utilisent pas aussi la force du vent pour élever l'eau des puits et la faire servir aux irrigations. Bien que, dans les ouvrages chinois que nous avons entre les mains, nous n'ayons rien trouvé qui indiquât l'emploi du vent dans un but agricole, il nous paraît peu présumable qu'un peuple si industrieux n'ait pas senti depuis longtemps l'utilité d'une force qui existe partout et ne coûte que la peine d'être recueillie. Après les efforts qui ont été faits en Europe pour appliquer la force motrice de l'air aux appareils hydrauliques, efforts qui n'ont été couronnés jusqu'ici que de demi-succès, on n'a pas de peine à comprendre quel service on rendrait à l'agriculture du midi de l'Europe, si l'on pouvait lui procurer un mécanisme répondant bien au but qu'on se propose, mais simple dans sa structure et surtout économique, c'est-à-dire accessible au petit cultivateur.

De tous les appareils proposés dans ces dernières années pour utiliser la force du vent en hydraulique agricole ; celui de M. Amédée Durand, qui a été de la part de M. Séguier l'objet d'un rapport favorable à l'Académie des sciences, paraît le seul véritablement recommandable ; mais ce mécanisme, excellent pour les agriculteurs qui opèrent en grand et qui peuvent se livrer à des dépenses considérables, est, par son prix élevé, tout à fait hors de la portée du simple paysan, c'est-à-dire de l'immense majorité des cultivateurs méridionaux ; il est, d'un autre côté, trop complexe, trop artistement construit, pour qu'on puisse espérer que les habitants de nos campagnes l'exécutent de leurs propres mains. C'est là d'ailleurs le défaut de presque tous les instruments modernes, empruntés pour la plupart à l'Angleterre, et qui ne trouvent guères leur placement en France, en Espagne et en Italie, que dans les fermes-modèles, les salons du cercle agricole ou la galerie du musée provincial.

II.

CLIMATS DE LA CHINE.

Comparaison de ces climats avec ceux de l'Europe occidentale et du Nord de l'Afrique.

Au nombre des causes qui influent le plus puissamment sur l'agriculture, il faut mettre en première ligne le climat ; le climat qui détermine toujours le genre d'agriculture de telle ou telle région, et contre lequel l'homme ne peut lutter que dans une limite excessivement restreinte. Avant d'aborder le chapitre des acquisitions nouvelles agricoles et horticoles que nous pourrions demander à la Chine, il importe donc d'examiner si, dans la partie de l'Europe que nous habitons, les climats ont assez d'analogie avec ceux de la Chine pour nous permettre d'espérer chez nous l'importation de la majeure partie de ses espèces cultivées.

Il suffira de jeter les yeux sur la carte de l'empire chinois pour se convaincre de la grande variété que doivent y offrir les conditions de l'atmosphère. Touchant d'une part à la zône torride dans laquelle ses provinces méridionales étendent même quelques prolongements ; arrivant d'un autre côté jusqu'au 42e degré de latitude septentrionale, cet immense empire doit présenter les mêmes graduations de température que l'on observe par exemple entre l'Arabie septentrionale et le nord de l'Italie. On serait toutefois dans une grande erreur, si l'on assimilait pour les climats les diverses parties de la Chine aux régions occidentales de l'ancien continent qui leur correspondent pour la latitude ; il existe au contraire entre elles des différences extrêmement considérables, différences, hâtons-nous de le dire, qui sont toutes en faveur des régions occidentales que nous habitons.

Quelle qu'en puisse être la raison, et elle n'est pas parfaitement connue, c'est un fait incontesté aujourd'hui que la moitié orientale des grands continents est sensiblement plus froide que l'autre, et que les différences les plus marquées s'établissent surtout entre le bord oriental de ces continents et le bord occidental. C'est ainsi qu'à parité de latitude, les hivers sont infiniment plus rigoureux en Asie qu'en Europe, et que, même en Europe, la partie orientale est loin de jouir de la douceur comparative des régions situées au voisinage de l'océan. Pour n'en citer qu'un exemple, nous rappellerons que la ville d'Astrakan, bâtie près de l'embouchure du Volga, au niveau même de la mer Caspienne dont la surface paraît plus basse que celle de l'Océan, voit tous les ans le thermomètre descendre à 25 ou 30 degrés au-dessous de zéro, et que Paris, placé à trois degrés plus au nord, jouit encore d'une température hivernale moyenne de + 3 ; il est déjà rare que les froids atteignent momentanément l'intensité de — 10.

Cette comparaison donnera des résultats bien autrement sensibles si nous en faisons l'application à la Chine d'une part, et à l'Europe occidentale de l'autre. Il est reconnu par exemple que Pé-king, situé par 39° 54′ de latitude, c'est-à-dire à peu près à la même hauteur que Naples, a des hivers aussi rigoureux que la ville d'Upsal en Suède. Le thermomètre y reste trois mois au-dessous de zéro, et il n'est pas rare de le voir descendre à — 20, tandis que la douceur des hivers de Naples est proverbiale, et que le froid y arrive rarement à — 3, encore n'est-ce que très-momentanément. La différence serait plus sensible si nous avions pris Lisbonne pour terme de comparaison. Autour de cette dernière ville, on récolte d'excellentes oranges, tandis qu'en Chine l'oranger ne peut franchir le 30e degré, c'est-à-dire la latitude du Caire.

Mais si la rigueur des hivers est incomparablement plus grande en Chine que sur les points correspondants de l'Europe occidentale, par une sorte de compensation les étés y sont aussi chauds et souvent même plus chauds, ce qui rétablit à peu près l'équilibre entre les températures moyennes de ces régions opposées du continent européo-asiatique. C'est ce climat particulier des contrées orientales, que les météorologistes désignent sous le nom de *continental*, par opposition au *climat maritime* qui caractérise la majeure partie de l'Europe, et surtout de l'Europe occidentale. Un climat continental est aussi un *climat excessif*, c'est-à-dire dans lequel les différences entre les extrêmes de chaud et de froid sont considérables. On en jugera mieux par un exemple :

Un missionnaire français, établi en 1833 dans la Tartarie orientale, à Si-wang, par 41° 39' de latitude, vit le thermomètre centigrade s'élever à 37° 5' en été, et descendre à 37° 5' au-dessous de zéro en hiver. « Pendant cette saison, rapporte-t-il, l'esprit de vin seul restait liquide, et lorsqu'on touchait un métal avec les mains moites, l'épiderme des doigts y demeurait attaché. » Ainsi voilà une somme totale de 75 degrés entre les deux extrêmes de la température d'un même pays.

Dans un climat maritime, au contraire, les extrêmes de la température tendent à se rapprocher d'autant plus que ce climat participe davantage des caractères de la classe à laquelle il appartient. A Paris, la différence des deux extrêmes ne dépasse guère 45 degrés; en Irlande, elle est encore plus faible, et dans les îles Féroé, où le climat maritime se montre pour ainsi dire dans toute sa pureté, c'est à peine si l'on trouve 9 ou 10 degrés de différenc entre l'été et l'hiver.

Nous ne possédons malheureusement que des fragments d'observations météorologiques sur la Chine, ce qui n'étonnera point si l'on songe que ce travail est à peine ébauché pour l'Europe. Nous y suppléerons par la comparaison des végétaux cultivés de part et d'autre, et à défaut de tables météorologiques précises, nous arriverons encore à des conclusions satisfaisantes. C'est qu'en effet, les végétaux sont des thermomètres assez sûrs, et si l'on pouvait fixer d'une manière rigoureuse les limites des aires occupées par les différentes espèces soit spontanées, soit cultivées, on arriverait à une connaissance précise des différents climats de la terre.

La quantité d'eau qui tombe annuellement sur un pays, et sa répartition suivant les différentes saisons, est un autre point de météorologie fort important à connaître, qui se lie d'ailleurs intimement à l'étude des variations atmosphériques. Si la chaleur est nécessaire aux végétaux pour se développer, l'humidité ne l'est pas moins, et l'absence de l'un de ces deux agents amène toujours la stérilité de la terre. Les régions glacées du nord de la Sibérie sont improductives à cause du froid qui ne permet à aucun végétal d'y croître ; le Sahara et une grande partie de l'Arabie sont également frappés d'une stérilité absolue, par le manque d'humidité. Là, au contraire, où ces deux principes de fécondité s'unissent, la terre se couvre d'une admirable végétation, qui n'atteint nulle part plus de luxuriance que dans les contrées tropicales arrosées par de grands fleuves ou par des pluies abondantes : rien ne pourrait donner une idée de l'aspect grandiose de la végétation de la

Guyane et d'une grande partie de l'Amérique du sud où ces deux causes puissantes agissent avec toute leur énergie.

Dans nos pays tempérés, où la végétation est presque entièrement utilisée par l'homme, soit pour son usage direct, soit pour l'alimentation de ses animaux domestiques, on attache le plus grand prix aux observations hygrométriques, parce que la quantité d'eau qui tombe annuellement dans telle ou telle localité y détermine, comme la température elle-même, la culture de telle ou telle autre espèce végétale. Malheureusement, cette partie de la météréologie est encore moins avancée que ce qui concerne la température; il faudra bien des années d'observations pour se faire, sous ce rapport, une idée exacte des divers climats de l'Europe. C'est dire assez que nous ne savons rien ou presque rien de l'hygrométrie des vastes régions qui composent l'empire chinois. Un rapport de M. Fortune nous fournit cependant quelques documents que nous croyons utile de consigner ici :

MOIS.	THERMOMÈTRE.					BAROMÈTRE.	
	MAXIMUM moyen.	MINIMUM moyen.	TEMPÉRATURE moyenne.	OSCILLATIONS de	à	HAUTEUR moyenne.	QUANTITÉ de pluie en pouces.
Janvier........	13,85	7,20	10,05	18,30	1,65	30,23	0,675
Février........	14,40	7,20	10,80	20,00	0,55	30,12	1,700
Mars...........	21,65	15,55	18.60	26,10	7,20	30,17	2,150
Avril...........	24,40	20,55	22,45	28,85	15,00	30,04	5,675
Mai.............	25,55	22,75	23,75	30,00	20,55	29,89	11,850
Juin............	28,85	26,10	27,10	31,10	23,85	29,87	11,100
Juillet.........	31,65	28,85	30,50	33,85	27,75	29,84	7,750
Août...........	30,00	28,30	29,10	32,20	26,10	29,86	9,900
Septembre....	28,85	26,10	27,45	31,10	23,85	29,90	10,925
Octobre........	24,40	21,10	22,50	29,40	15.55	30,04	5,500
Novembre.....	20,00	16,10	18,05	26,10	8,85	30,14	2,425
Décembre.....	17,20	11,10	14,15	20,55	4,40	30,25	0,975

Ces observations sont assurément très-intéressantes; mais elles ne nous présentent que le tableau d'une année, ce qui suffit à peine pour nous donner une idée exacte de la climature de la province de Canton où elles ont été faites. Afin de compléter autant que possible nos renseignements à cet égard, nous sommes obligés de puiser à d'autres sources des indications qui, toutes superficielles qu'elles seront, pourront ajouter au peu que nous savons sur le climat de cette partie de la Chine. Nous trouvons, par exemple, dans un

Mémoire publié récemment par sir Everard Home, capitaine du *North Star*, navire de la marine royale britannique, et qui a stationné plusieurs mois sur les côtes méridionales de la Chine, le relevé suivant en degrés du thermomètre centigrade.

LOCALITÉS.	MOIS.	LIMITES des OBSERVATIONS.	TEMPÉRATURE.	
			Maximum.	Minimum.
Hong-kong.	Janvier.	Du 16 au 24	18°,89	11°,67
—	Juin.	— 1 — 5	28, 89	25, 56
Macao.	Janvier.	— 24 — 26	20, 00	13, 33
Chusan.	Octobre.	— 21 — 31	24, 44	15, 56
—	Novembre.	— 1 — 30	23, 89	7, 78
—	Décembre.	— 1 — 31	24, 44	6, 11
—	Janvier.	— 1 — 9	16, 67	6, 67
Wou-song.	Juin.	— 16 — 30	28, 33	22, 22
—	Juillet.	— 1 — 31	32, 78	20, 56
—	Août.	— 1 — 31	31, 67	23, 89
—	Septembre.	— 1 — 30	31, 11	20, 56
—	Octobre.	— 1 — 19	25, 56	16, 11

Ainsi voilà des maximum de température estivale qui ne diffèrent pas de ceux du centre et du midi de la France, 28, 30, 32 degrés centigrades, c'est ce que nous observons aussi jusque sous le climat de Paris, et souvent même on voit en Provence et dans le Roussillon, le thermomètre s'élever à 35°. Le seul avantage des provinces méridionales de la Chine sur les nôtres consiste dans la douceur de leurs hivers, qui cependant sont encore plus froids que ne le comporte la latitude ou l'élévation des lieux, phénomène dont on trouve la cause, comme nous l'avons dit plus haut, dans la position orientale qu'occupe la Chine sur le vaste continent européo-asiatique.

Les faits suivants attestés par M. Ball, voyageur anglais, que son gouvernement avait envoyé étudier en Chine les procédés de la manipulation du thé, confirmeront ce que nous venons d'avancer.

« A Chang-haï, nous dit-il, par 31° 24' de latitude (à peu près la latitude d'Alexandrie en Égypte), pendant l'hiver de 1845-1846, la rivière Wou-song fut assez fortement gelée pour permettre aux Anglais, résidant dans cette ville, de se livrer au divertissement du patinage. Dans le même Mémoire, il nous dit avoir vu la plaine alluviale qui s'étend en arrière de ce port, se couvrir de neige à la hauteur d'un pied, et cette neige persister jusqu'à dix jours de suite avant de fondre. Il y a plus, à Canton même, par 23° et quelques minutes de latitude, c'est-à-dire déjà dans les limites de la zône intertropicale, il ne se passe guère d'année, au dire du même voyageur, sans qu'il gèle pendant plusieurs jours de l'hiver, et sans que la surface des eaux tranquilles se couvre d'une croûte de glace de quelques millimètres d'épaisseur. Depuis le milieu de décembre jusqu'à la fin de mars, les Européens prennent leurs vêtements d'hiver et chauffent leurs appartements, qui sont d'ailleurs pourvus de tapis, de rideaux et de tous les objets que nous employons en Europe pour nous préserver du froid. Sans ces précautions, l'hiver y serait presque insupportable à cause de la violence et de la sécheresse des vents du nord et du nord-ouest, qui font éprouver la sensation d'un froid plus vif que celui dont le thermomètre indique l'intensité.

Dans le pays du thé vert (*Thea viridis*, Linn.), district de Weit-cheou-fou, province de Kiang-nan, entre 29 et 30° de latitude, les vents du nord commencent à souffler dès le mois de septembre; en octobre, la classe aisée songe à prendre ses fourrures; en novembre, la mousson du nord-est souffle d'une manière à peu près constante. C'est alors qu'on attache ensemble les branches des jeunes plants de thé, pour leur donner la force de résister à la violence des vents et au poids de la neige qui ne tarde pas à tomber. Toutefois, ce n'est qu'en décembre que les froids rigoureux commencent, pour durer jusqu'au milieu de mars. Durant cet intervalle, il gèle fréquemment et tombe beaucoup de neige. L'eau se solidifie jusque dans l'intérieur des maisons assez mal construites, il est vrai, pour abriter du froid; car, dans tout le midi du Céleste Empire, on cherche plutôt à se garantir des ardeurs de l'été que des rigueurs de l'hiver.

La contrée où se cultive le thé-bou (*Thea bohea*, Linn.), dans le Fo-kien, diffère peu de la précédente au point de vue du climat; on s'accorde pourtant à le regarder comme un peu moins rude, ce qui s'explique d'ailleurs par la disposition topographique du pays, qui forme une sorte de vallée abritée contre les vents du nord par la longue chaîne de montagnes qui séparent le Fo-kien des provinces de Tche-kiang et de Kiang-si. Décembre et janvier sont les mois les plus froids; c'est l'époque où l'on voit geler régulièrement la rivière de Kieou-kio-ky qui serpente à travers le pays.

Un missionnaire, le père Carpina, qui avait résidé longtemps dans la partie orientale du Fo-kien, assurait à M. Ball, que les arbres à thé n'y avaient point été endommagés, ni les récoltes de toute nature retardées par les froids exceptionnels de l'hiver de 1815, hiver dont la rigueur fut telle, qu'au mois de février il tomba 33 pouces anglais (0 mètre 84) de neige dans le district de Fou-ngan, sous le 27e degré de latitude, et 49 pouces (1 mètre 23) dans celui de Ning-te. Plusieurs fois il a vu la rivière Mo-yang geler à la surface, malgré son volume, que le même père Carpina compare, dans la localité qu'il habitait, à celui du Guadalquivir à Cordoue.

Ces températures hivernales sont absolument sans parallèle dans la partie occidentale de l'ancien continent, à pareille latitude ; pour trouver leurs analogues, il faudrait remonter à 12, 15, et quelquefois 20 degrés vers le nord. Elles peuvent, d'un autre côté, faire présumer de ce que doit être l'hiver dans l'intérieur de l'Empire et dans ses parties septentrionales ; aussi ne nous étonnons-nous plus d'entendre comparer l'hiver de Pé-king (par 39° 54', à peu près la latitude de Mahon et de Valence en Espagne), à celui de Moscou (sous le 56e degré) ou d'Upsal (sous le 60e). Mais, par une compensation dont nous avons déjà parlé, les étés y sont plus chauds et plus secs que dans l'occident, d'où il suit que la température moyenne ou la somme totale de chaleur pendant une année est plus élevée qu'on ne serait porté à le croire, si l'on n'en jugeait que d'après les observations hivernales. Voici au surplus un tableau comparatif des températures moyennes de quelques points de la Chine et du Japon, mis en regard des points qui leur correspondent sous ce rapport en Europe et en Afrique; il va sans dire que ce tableau n'indique que des *à peu près*; nos connaissances météorologiques sur la Chine étant trop incomplètes pour permettre d'établir ces rapports d'une manière rigoureuse.

Asie.	LATITUDE.	TEMP. MOY.	Europe, Afr.	LATIT.	TEMP. MOY.
Pé-king...	39° 54′	+ 12°, 7	Paris........	48°, 50′	+ 10°, 6
			Lyon.........	45, 40°	+ 13, 2
			Montpellier.	43, 36′	+ 15, 2
Nangasaki.	32° 45′	+ 16, 0	Toulon......	43, 7′	+ 15, 8
			Rome........	41, 53′	+ 15, 8
			Naples.......	40, 50′	+ 17, 4
Canton....	23° 8′	+ 22, 9	Alger.........	36, 58′	+ 21, 1
Macao.....	22° 12′	+ 23, 0	Le Caire.....	30, 2′	+ 22, 4

De ces rapprochements, on peut conclure qu' Pé-king, la somme totale de chaleur annuelle es à peu près la même qu'à Paris et à Lyon, ou plut qu'elle est intermédiaire à celles dont on jou dans ces deux villes; à Nangasaki, au Japon, ell est intermédiaire à celles de Toulon et de Naples. Celles de Canton et de Macao correspondent, à très-peu de chose près, à celle d'Alger, qui se trouve pourtant à quinze degrés environ plus avancée vers le nord.

On a cru longtemps que la *température moyenne* d'une province était l'indice certain de la possibilité d'y acclimater telle ou telle autre espèce végétale, originaire d'un pays offrant la même somme de chaleur moyenne. C'est une erreur bien reconnue aujourd'hui; le succès des tentatives d'acclimatation et de culture ne dépend pas seulement de la somme de chaleur annuelle, mais aussi et surtout de la manière dont cette chaleur est distribuée. C'est ainsi, par exemple, qu'à Astrakhan, dont la température moyenne est plus basse que celle de Londres, à cause des froids rigoureux de l'hiver, on trouve une moyenne estivale plus élevée que celle de cette dernière ville, aussi les raisins qu'on y récolte le disputent-ils, pour l'excellence, à ceux des Canaries, tandis que ce fruit ne mûrit jamais complètement en Angleterre, ni même dans les départements les plus septentrionaux de la France; c'est encore ainsi qu'à Hammerfest et à Elv-Bakken, en Laponie, où le thermomètre monte jusqu'à 19 ou 20° centigrades en été, on cultive l'orge avec succès, tandis que cette céréale ne forme pas même son grain dans les îles Féroé, situées à 7 ou 8 degrés plus au sud, et dont nous avons déjà vu que les hivers sont excessivement doux, mais les étés sans chaleur.

On a eu plus d'une fois l'occasion de faire la même remarque relativement aux plantes d'ornement de la Chine importées chez nous. Nous en possédons déjà un nombre considérable, dont plusieurs se montrent délicates dans nos jardins, bien qu'elles viennent d'un climat plus rigoureux que le nôtre. Ce fait s'applique surtout aux espèces frutescentes ou arborescentes, en raison de l'aoûtement incomplet de leurs pousses, sous le climat du centre de l'Europe. On sait que, par ce mot d'aoûtement, les cultivateurs entendent l'induration, la *lignification*, si l'on veut nous permettre ce terme, des branches et des rameaux de l'année. Sous un ciel humide et très-tempéré comme celui de l'Angleterre et d'une grande partie de la France septentrionale, les arbres et arbrisseaux de climats plus chauds et plus secs ne forment qu'imparfaitement leur bois, et deviennent par là moins aptes à résister à la gelée. Sous un climat sec et alternativement brûlant et glacial comme celui du nord de la Chine, la végétation s'endurcit, et acquiert, par l'effet des chaleurs torrides de l'été, toute la vitalité nécessaire pour résister à un froid rigoureux.

Notre but, en écrivant ce chapitre sur le climat de la Chine, a été de faire voir que la majeure partie de ses végétaux, peut-être tous, peuvent s'acclimater dans l'Europe occidentale et le nord de l'Afrique. Sur cette longue lisière qui s'étend du 34e degré au 51e, depuis l'Algérie centrale et le détroit de Gibraltar jusqu'à Dunkerque, nous possédons une série de climats qui représentent d'une manière assez exacte tous ceux de l'empire chinois, avec cette différence pourtant que de notre côté les hivers sont infiniment plus doux. Si les étés de la partie septentrionale de cet ensemble de pays sont plus tempérés que ceux du nord de la Chine, nous trouvons par compensation, dans le midi de l'Europe et dans notre précieuse conquête d'Algérie, les analogues des climats les plus chauds de la partie méridionale de cet empire. Un rapide examen de ceux de l'occident, fera mieux juger encore des analogies, et pressentir d'une manière plus concluante la possibilité d'y acclimater les végétaux de la Chine.

Nous ne dirons rien du nord et du centre de la France, dont le climat participe à celui du centre et du nord de l'Europe, et que nous avons vu correspondre à celui de Pé-king, pour la température moyenne. Commençons par la région méridionale, celle qui longe le bassin de la Méditerranée, qui appartient à une zône plutôt chaude que froide, et où la végétation tranche déjà d'une manière marquée avec celle du reste de la France. Nous emprunterons nos documents aux observations de M. Rantonnet, horticulteur distingué de Hières, et à celles de M. Hippolyte de Beauregard, qui ont été insérées dans les *Promenades pittoresques et statistiques dans le département du Var*, par M. Alphonse Denys, ancien député de ce département.

Il y a eu depuis 1810 jusqu'à 1846 inclusivement : un hiver où la température est descendue, au minimum, à +2°,12 (décembre 1817) ; un à +2°,5 (décembre 1816) ; trois à +0°,6 (1825, 1828, 1833) ; cinq à 0° (1815, 1818, 1821, 1822, 1824) ; deux à —0°,6 (1813, 1832) ; deux à —1°,3 (1823, 1831) ; cinq à —2°,5 (1812, 1816, 1826, 1827, 1835) ; un à —4°,4 (1811) ; trois à —5°,6 (1814, 1815, 1830) ; un, enfin, où le thermomètre est descendu à —11°,9 (11 janvier 1820). Dans ce fatal hiver, tous les orangers furent gelés, ainsi que la plupart des plantes exotiques cultivées dans les jardins.

Ces froids, excessifs pour la Provence, ne reviennent heureusement qu'à des époques éloignées, dans l'intervalle desquels les essais d'acclimatation et de culture des végétaux exotiques peuvent reprendre leur cours pour longtemps. Et même, comme ces rares exceptions à la douceur de l'hiver, dont la moyenne est toujours de +9° centigr., ne sont que momentanées, un grand nombre de plantes exotiques leur résistent encore. Nous devons à M. Rantonnet des indications intéressantes sur les espèces qui ont résisté, à Hières, à ces terribles hivers; on nous permettra, avant d'en citer quelques extraits, de rapporter les observations qu'il adressait, à la fin de décembre 1846, aux rédacteurs de la *Revue horticole*, le meilleur journal de jardinage qui se publie en France.

« Aux chaleurs excessives qui régnaient en Provence jusqu'au commencement de ce mois (décembre), dit cet habile praticien, ont succédé des froids que nous considérons ici comme des plus rigoureux. Ils ont commencé dans la nuit du 12 au 13, par une température de 0°. Six jours après, pendant deux nuits, le thermomètre centigrade a marqué —2°, 5'', à six heures du matin, et même une fois —3° dans la partie la plus froide de ma pépinière. La neige a séjourné deux jours sur le sol. Enfin le vent, tournant au sud, a amené une grande pluie, et le dégel s'est établi. Aujourd'hui (27 décembre) la température s'est sensiblement élevée et nous jouissons d'un très-beau soleil. Depuis 1824 que j'habite la ville d'Hières, je n'avais jamais vu un hiver si précoce. Dans les années ordinaires, les froids se font sentir seulement vers le mois de janvier; le thermomètre descend à zéro, quelquefois à —1°; on y voit des gelées blanches et très-rarement de la neige : aussi les hivers où le thermomètre descend à —5° ou —6° sont-ils considérés comme très-rigoureux. »

Par les derniers froids dont parlait M. Rantonnet dans sa note (— 2° et — 3°), un certain nombre de plantes exotiques, cultivées en plein air, avaient péri. Voici les plus remarquables, avec l'indication des régions dont elles sont originaires :

ALOE OFFICINALIS, VULGARIS et autres espèces; Cap de Bonne-Espérance.

BEGONIA DREGEI; Amérique du sud.

BOUGAINVILLEA SPECTABILIS; Inde.

CASSIA ACUMINATA; Égypte.

EUPATORIUM ADENOPHORUM; nord de l'Inde.

FICUS ELASTICA; Inde.

HELIOTROPIUM PERUVIANUM; Pérou et Colombie.

HIBISCUS ROSA-SINENSIS; midi de la Chine.

Podocarpus pungens; Nouvelle-Zélande.
Pelargonium (toutes les espèces); Cap de Bonne-Espérance.

Parmi les plantes qui ont beaucoup souffert, sans toutefois périr entièrement, nous remarquons les suivantes :

Abutilon striatum; Brésil.
Arundo Bambos; nord de l'Inde.
Bignonia capensis; Afrique australe.
Buddleia madagascariensis; Madagascar.
Chamærops excelsior; palmier de l'Inde.
Eriocephalus Africanus; Afrique australe.
Ligustrum nepalense; nord de l'Inde.
Sida arborea; Brésil.
Ulmus sinensis; Chine méridionale.
Visnea mocanera; Canaries.

Enfin, il en est un nombre plus considérable qui ont très-peu souffert ou sur lesquelles ces froids n'ont même exercé aucune fâcheuse influence; nous nous bornerons à citer celles-ci :

Erythrina crista-galli; Amérique méridionale.
Jasminum grandiflorum; } Inde.
Jasminum nepalense; } Inde.
Laurus Indica; Inde.
Laurus maderiensis; Canaries.
Passiflora edulis; Brésil.
Plumbago capensis; Afrique australe.

Agave americana ; Mexique.

Chamærops humilis ; Europe méridionale et nord de l'Afrique.

Eriobotrya japonica ; Japon.

Ficus muntia ; Inde.

Lagerstroemia indica ; Inde.

Melaleuca ericoides ; Nouvelle-Hollande.

Phoenix dactylifera ; Sahara et Orient.

Sterculia platanifolia ; Brésil.

Yucca draconis, et autres espèces ; midi de l'Amérique septentrionale, etc.

Il est bon d'observer que la presque totalité des végétaux ayant péri ou ayant été fortement endommagés par le froid, dans cette partie de la Provence, étaient originaires de contrées où les hivers sont incomparablement moins rigoureux que ceux de la Chine.

Si d'Hières nous nous transportons en Espagne, à Valence, par exemple, où les riches cultures jardinières nous offrent de nombreux points de comparaison pour l'acclimatation de végétaux exotiques, nous trouverons une augmentation sensible dans la chaleur du climat, et un nombre correspondant de plantes exotiques acclimatées. Déjà, autour de cette ville, la végétation revêt un caractère presque tropical. Les palmiers (*Phœnix dactylifera ; Palmeras* des Espagnols) sont les arbres dominants et se reproduisent d'eux-mêmes; leurs dimensions, qui atteignent celles des palmiers de l'Afrique, donnent au paysage quelque chose de saisissant; cependant leurs fruits n'ont pas encore la saveur que leur fait acquérir le climat plus méridional de l'Égypte, des oasis algériennes ou même de l'Andalousie. Le cotonnier est déjà cultivé en grand à Valence; et même çà et là, dans les jardins les mieux abrités, on aperçoit quelques touffes de bananiers dont la végétation ne paraît pas en souffrance.

Mais c'est en Andalousie surtout, dans cette ancienne Bétique chantée par les poètes, que s'opère la transition entre les climats tempérés de l'Europe méridionale et ceux de la zône intertropicale. Sous ce ciel transparent où jamais la nature ne s'enveloppe de frimas, on croit retrouver un coin de terre enlevé au Brésil ou à l'Inde septentrionale. A chaque pas se révèle le double caractère de ce climat exceptionnel, qui n'est plus celui des pays tempérés, mais qui n'est pas non plus celui de la zône torride. A côté de nos arbres à fruits et de nos légumes ordinaires, croissent les aloès du Cap, les cannes à sucre des Antilles, les cotonniers de l'Inde et le cactus du Mexique. Déjà se montrent, dans quelques localités heureusement situées, des bosquets de dattiers cultivés pour leurs fruits qui le cèdent peu en qualité à ceux de la Barbarie, et qui deviennent l'objet d'un important commerce; déjà les fruits du bananier mûrissent en plein air, et sur quelques points parfaitement abrités de l'extrême frontière méridionale, on peut cueillir ceux de l'ananas.

La lisière septentrionale de l'Algérie, située sous les mêmes latitudes que l'Andalousie, nous offre à peu de chose près le même aspect. Le voyageur qui passerait du midi de l'Espagne dans notre colonie, ne trouverait pour ainsi dire aucune différence entre les produits cultivés de ces deux pays. Mais à mesure qu'on s'avance vers le sud, et dès qu'on a franchi cette barrière de montagnes qui sépare le Tell du Sahara, les ressemblances s'effacent graduellement, et le climat revêt de plus en plus les caractères de celui de l'Afrique centrale. Nous possédons déjà sur ce climat, des documents météorologiques assez satisfaisants pour nous permettre de l'apprécier comparativement à celui de la Chine. C'est à M. Hardy, directeur du jardin d'acclimatation d'Alger, que nous en devons la majeure partie; et nous emprunterons ce que nous allons en dire, au mémoire intitulé: *Notes climatologiques sur l'Algérie, au point de vue agricole*, que cet habile cultivateur adressait au ministre de la guerre, il y a près de trois ans.

L'auteur reconnaît en Algérie deux saisons : l'une calme, chaude et sèche ; l'autre venteuse, pluvieuse et froide, où, sur leur passage, les vents polaires abaissent la température jusqu'à +2° tandis qu'elle est de +8° ou +10° aux abris. Ce sont ces vents, surtout, qui modifient singulièrement la température. Ceux du nord-ouest commencent avec l'équinoxe d'automne, continuent à souffler par bourrasques en octobre et novembre, diminuent de décembre à janvier, et c'est alors le moment le plus agréable de l'année ; mais, dès la fin de janvier, ils redeviennent violents, froids et secs. Ce temps est celui qu'on appelle *la grande hâle*, et dure jusqu'à la première quinzaine de mai ; la pluie devient de plus en plus rare, l'évaporation est considérable, le sol se durcit extrêmement. Pendant l'été, les courants d'air sont subordonnés aux causes locales ; près de la mer, grand calme le matin ; l'après-midi, brise de mer ; dans l'intérieur, les courants s'échangent entre les vallées et les points élevés qui les avoisinent. Il arrive quelquefois que le courant tropical s'abaisse au niveau du sol ; on éprouve alors un vent de sud-est violent, très-chaud, et qui élève la température jusqu'à $+ 45^{\circ}$. Les Arabes lui donnent le nom de *simoun;* c'est le *sirocco* des Italiens.

La pluie, amenée par les vents d'ouest sur le continent africain, est de moins en moins abondante à mesure qu'on s'éloigne de l'Océan, où se trouve le grand réservoir de vapeur depuis le Maroc jusqu'en Égypte; elle y tombe pendant le règne des vents froids de l'hiver. Quarante-neuf jours pluvieux donnent, à Alger, $0^{m},884$ d'eau de pluie dans l'année; le trimestre de l'été ne donne que $0^{m},013$ d'eau de pluie répartie en trois jours. La saison des pluies commence à l'équinoxe d'automne; le nombre des jours pluvieux et la quantité des pluies va en augmentant jusqu'à la fin de décembre, et diminue ensuite jusqu'au milieu de mai, où la sécheresse devient presque continue. A Alger, comme en Espagne et en Provence, les mois pluvieux sont les plus froids; l'eau atmosphérique profite donc peu à la végétation; tandis qu'au centre du continent européen, la plus grande quantité de pluie tombant dans les mois les plus chauds, les circonstances les plus propres à favoriser le développement des plantes se trouvent réunies.

Tant que le sol conserve une certaine dose d'humidité, ajoute M. Hardy, la rosée est abondante;

mais quand le vent d'abord, et le soleil ensuite, l'ont desséché profondément, ce qui arrive vers la mi-juin, les rosées ne sont plus sensibles que sur les bords des cours d'eau, des marais et des terrains arrosés; cet état continue jusqu'en septembre. Il se forme seulement des brouillards au centre des plaines qui, malgré la sécheresse environnante, conservent encore de l'humidité; il s'en forme aussi quelquefois sur le bord de la mer. Ces brouillards durent peu d'ordinaire, le soleil de midi les fait disparaître; dans la Mitidja cependant, ils se renouvellent presque chaque matin.

Nous arrêterons ici notre analyse du mémoire de M. Hardy, afin de ne pas trop nous écarter de notre but; mais tous ces détails étaient surtout essentiels pour faire sentir le degré d'analogie qui existe entre la partie méridionale de la Chine, l'Andalousie et notre possession africaine. Nous allons maintenant jeter un coup d'œil sur les essais d'acclimatation de races végétales exotiques, tentées au jardin d'essai du gouvernement. Nous remarquerons seulement que les résultats obtenus ne peuvent s'appliquer d'une manière absolue qu'à la localité où les expériences ont été faites, c'est-à-dire aux environs même d'Alger, et non à toute l'Algérie, où les climats et les sols sont extrêmement variés, comme nous le démontrerons tout à l'heure.

M. Hardy ayant été chargé par le gouvernement d'essayer l'acclimatation de plantes exotiques, mit en pleine-terre, à la fin de l'année 1844, un certain nombre d'espèces de végétaux ligneux qui croissent la plupart sous les tropiques. Ils se développèrent tous pendant l'été avec une vigueur remarquable, favorisés par une humidité en rapport avec la chaleur. Quand la température baissa, en octobre, on établit une série d'abris de roseaux assez rapprochés, et orientés de manière à ce que le vent du nord-ouest ne pût les frapper directement, et qu'ils n'eussent ainsi à subir que les effets de la température. Tous ces végétaux ne parurent aucunement souffrir jusqu'à ce que le thermomètre fut descendu à + 5°; mais voici ce que le froid produisit sur eux à ce degré, selon leur sensibilité plus ou moins grande.

Végétaux qui ont succombé à un abaissement de + 5 degrés.

1 Hymenea Courbaril.
2 Crescentia Cujete.
3 Bauhinia anatomica.
4 Desmodium umbellatum.
5 Inga unguis cati.
6 Bauhinia tomentosa.
7 Carolinea princeps.
8 Copaifera officinalis.

Végétaux qui ont succombé à un abaissement de + 3 degrés.

1 ACACIA STIPULARIS.
2 BIXA ORELLANA.
3 ADENANTHERA PAVONINA.
4 SPONDIAS MOMBIN.
5 SPONDIAS CYTHEREA.
6 COCCOLOBA UVIFERA.
7 MAMMEA AFRICANA.
8 BOMBAX MALABARICUM.
9 TERMINALIA CATAPPA.
10 CALOPHYLLUM CALABA.
11 RHEEDIA AMERICANA.

Végétaux qui ont succombé à un abaissement de + 1 degré.

1 GUAREA TRICHILIOIDES.
2 TAMARINDUS INDICA.
3 ACACIA NILOTICA.
4 AVERRHOA ACIDA.
5 MALPIGHIA PANICIFOLIA.
6 SAPINDUS SAPONARIA.

Végétaux qui ont résisté à un abaissement de + 1 degré.

1 DRACÆNA DRACO.
2 BOUGAINVILLEA SPECTABILIS.
3 ALLAMANDA VERTICILLATA.
4 COMBRETUM PURPUREUM.
5 STEPHANOTIS FLORIBUNDA.
6 ACHRAS (du Brésil; indéterminé).
7 TECOMA VENUSTA.
8 BIGNONIA DISTANS.
9 SAPINDUS INDICA.
10 DRACÆNA BRASILIENSIS.
11 LAURUS PERSEA.
12 ANONA CHIRIMOYA.
13 CÆSALPINIA ECHINATA.
14 CÆSALPINIA SAPPAN.
15 MORINGA PTERIGOSPERMA.
16 ACACIA LEBBEK.
17 ACACIA QUADRANGULARIS.
18 RUSSELIA JUNCEA.
19 JATROPHA MULTIFIDA.
20 JATROPHA CURCAS.
21 BRUNFELSIA VIOLACEA.
22 CORDIA SCABRA.
23 CORDIA DOMESTICA.
24 MYRTUS PIMENTA.
25 EUPHORBIA SPLENDENS.
26 HIBISCUS LILIIFLORUS.
27 HIBISCUS ROSA-SINENSIS.
28 HIBISCUS MUTABILIS.
29 HIBISCUS ABELMOSCHUS.
30 SOPHORA TOMENTOSA.
31 PERACINIA REGIA.

La plupart des espèces qui ont succombé ont été surprises par le froid en état de végétation; il est probable que si leur végétation eût été moins avancée, et que les rameaux eussent été abrités, toutes auraient réussi. M. Hardy considère celles qui, dans cette condition, ont survécu à l'abaissement de $+1°$, comme étant acquises au pays, mais seulement aux lieux abrités où la température n'est pas sujette à un abaissement plus considérable.

S'il est des végétaux qui n'ont pu supporter les températures basses du climat d'Alger, il en est d'autres qui ont succombé à la sécheresse atmosphérique ou aux variations de températures auxquelles ils y ont été soumis; en voici la liste :

Végétaux qui ont succombé à la sécheresse de l'été.

1 CASUARINA PALUDOSA.
2 AUCUBA JAPONICA.
3 CUNNINGHAMIA LANCEOLATA.
4 ARAUCARIA IMBRICATA.
5 ARAUCARIA BRASILIENSIS.
6 ILLICIUM FLORIDANUM.
7 ILLICIUM ANISATUM.
8 CLIANTHUS PUNICEUS.
9 BURCHELIA CAPENSIS.
10 ABIES RELIGIOSA.
11 FRENELIA CAPENSIS.
12 THEA VIRIDIS.
13 THEA BOHEA.
14 CAMELLIA JAPONICA.
15 DAPHNE INDICA.
16 ACACIA DEALBATA.
17 MAGNOLIA YULAN.
18 MAGNOLIA UMBRELLA.
19 MAGNOLIA PURPUREA.
20 MAGNOLIA MACROPHYLLA.
21 RHODODENDRON (tout le genre).
22 AZALEA (tout le genre).

23 KALMIA LATIFOLIA.
24 KALMIA GLAUCA.
25 LEDUM LATIFOLIUM.
26 MENDOZIA VELLOSIANA.
27 ANDROMEDA (tout le genre).
28 HAKEA SUAVEOLENS.

M. Hardy pense toutefois que ces plantes réussiraient en Algérie, si l'on essayait de les cultiver dans les valons humides et ombragés.

Au nombre des espèces qui ont succombé par le fait de la sécheresse et de la chaleur, nous voyons figurer plusieurs plantes du Japon et de la Chine, entre autres les deux espèces de thés (*Thea viridis* et *Thea Bohea*). Ceci pourrait sembler d'un mauvais augure pour les essais d'acclimatation de ces arbrisseaux dans notre colonie, si nous ne savions qu'en Chine ils supportent des chaleurs et des sécheresses comparables à celles de l'Algérie. Nous démontrerons un peu plus loin que la culture du thé a les plus grandes chances de succès dans le midi de l'Europe et sur les flancs des montagnes de l'Algérie, partout, en un mot, ou de fortes chaleurs estivales succèdent à un hiver bien caractérisé, pendant lequel il gèle et tombe de la neige; or, ces conditions ne se rencontrent point au jardin d'acclimatation d'Alger où le thermomètre ne descend presque jamais au-dessous de 0°, où l'hiver est pour ainsi dire nul, et où la somme d'humidité atmosphérique, pendant l'année entière, est probablement beaucoup moindre que ne l'exigerait l'arbre à thé pour réussir (1).

Ce serait, on le voit, une grande erreur de juger par le climat d'Alger celui de la colonie tout entière ; elle présente au contraire sous ce rapport les plus grandes différences, et par suite, on devra, suivant les localités, s'attacher à y cultiver telle plante ou telle autre. On sait que la majeure partie de l'Algérie septentrionale, le Tell, puisqu'on lui donne ce nom, est un pays de montagnes et de plateaux, dont la température est loin de ressembler à celle des côtes ; sur un grand nombre de points, on retrouve même le climat du centre et du midi de la France, comme l'attestent les observations suivantes :

LOCALITÉS.	HAUTEUR.	TEMPÉRATURE MOYENNE.	MINIMUM MOYEN.	MAXIMUM.
	mètres.			
Sétif..........	1,100	+ 13	+ 4, 5	+ 38
Médéah.......	920	14	2	36
Milianah......	900	15	2	38
Constantine..	600	17	2	48
Marcara........	400	18	2	41

(1) Depuis que ceci a été écrit, M. le ministre de la guerre :

Cette variété de climats entraîne nécessairement la variété des cultures ; tandis que les plaines et les vallons produiront du coton, du sucre, de la cochenille, des dattes et des fruits des tropiques, les flancs des montagnes se couvriront de vignobles, de vergers, de céréales, et peut-être un jour de plantations de thé.

Nous bornerons ici l'examen comparatif des climats de la Chine et de ceux de l'Europe occidentale et du nord de l'Afrique ; tout incomplet qu'est ce parallèle, par défaut de renseignements météorologiques, il suffira, nous l'espérons, pour démontrer que tous les climats de la Chine ont leur analogue parmi les contrées que nous habitons, où l'influence de la mer les adoucit encore. Il est donc peu de végétaux cultivés dans ce vaste empire qu'on ne puisse introduire avec succès dans nos champs et dans nos jardins.

ordonné que de nouveaux essais de culture de thé seraient entrepris en Algérie, mais dans des localités montagneuses, où le climat se rapproche des conditions nécessaires au succès de cette culture.

(*Note de l'Éditeur.*)

SECONDE PARTIE.

REVUE SOMMAIRE DES ESPÈCES VÉGÉTALES CULTIVÉES EN CHINE.

I.

Céréales.

Chez tous les peuples cultivateurs, les céréales fournissent la base de l'alimentation, et leur production constitue le but le plus essentiel de l'agriculture. En Europe, dans la moitié occidentale de l'Asie, et dans tout le nord de l'Afrique, c'est le blé, *Triticum* (1), qui depuis un temps immémorial occupe parmi elles le premier rang; dans la seconde moitié du continent asiatique, exception faite des ré-

(1) Les diverses espèces ou variétés de ce genre.

gions situées au nord du 40e dégré, le riz devient la céréale par excellence, comme le sorgho chez les races noires de l'Afrique centrale, et le maïs chez les indigènes de l'Amérique du sud. Mais, tandis que les Européens portaient le blé dans toutes les parties tempérées de l'Ancien et du Nouveau Monde, les trois autres céréales franchissaient aussi leurs circonscriptions primitives pour se répandre au loin, et chaque transplantation de ces diverses espèces sous un nouveau climat, marquait un progrès sensible dans l'agriculture des différents peuples qui faisaient entre eux ces échanges.

Aujourd'hui, bien que les régions exclusivement occupées dans l'origine par les quatre céréales que nous venons d'indiquer soient toujours le principal centre de leur production, on peut affirmer qu'il n'est presque aucun pays tempéré, situé entre le tropique du Cancer et le 45e degré de latitude septentrionale, qui ne possède au moins deux de ces céréales. Toutes les quatre sont cultivées dans le midi de l'Europe, et souvent à côté les unes des autres.

Le sorgho ne se montre, il est vrai, sur notre continent, que d'une manière fort secondaire, et seulement dans quelques localités où la température est élevée; et quant au riz, sa culture est presque entièrement concentrée en Lombardie et sur quelques points du littoral espagnol.

Les Chinois, indépendamment du riz sur lequel repose presqu'entièrement la subsistance du peuple, cultivent encore les céréales qu'ils ont empruntées à l'Inde et quelques-unes de celles de l'Afrique, telles que le *Milium sorghum* et le *Poa Abyssinica* ou Doura. Dans les provinces septentrionales, le blé entre aussi pour une assez large part dans l'alimentation et par conséquent dans la culture (1).

Nous possédons en Europe un nombre déjà considérable de variétés de blé, assez différentes les unes des autres pour que les agriculteurs s'attachent à les distinguer avec soin, toutes ne convenant pas également dans telle circonstance donnée. L'étude de ces variétés ou plutôt de ces races, car la plupart se perpétuent d'une manière assez constante, est difficile et peu avancée encore, malgré les recherches des botanistes et d'un grand nombre d'agronomes distingués; tout pas fait en avant dans cette voie peut être un progrès important pour l'agricul-

(1) Dans leur classification des plantes alimentaires appartenant à la grande culture, les Chinois s'éloignent considérablement de nous; ainsi, ils mettent au nombre des céréales ce que nous nommons légumes secs (haricots, pois, fèves, lentilles,

ture. Mais la *sitognosie* (qu'on nous passe ce néologisme) ne peut elle-même progresser que par l'accroissement de nos collections de blés et par l'étude de la végétation des différentes races nouvelles qu'on y introduira. Tout porte à croire que la Chine, dans les provinces où elle se livre à la culture du blé, possède des races qui nous sont inconnues, et cette opinion se fonde, d'une part, sur son éloignement de l'Europe, et, de l'autre, sur l'antiquité de son agriculture, et sur la diversité de ses climats. Ce serait assurément un sujet très-digne de l'attention des voyageurs qui parcourent les provinces du nord de l'empire chinois, que d'y étudier les races de blé cultivées et d'en envoyer des échantillons. Peut-

dolics et autres graines légumineuses), et cela parce qu'ils les consomment à peu près de la même manière que leurs grains, en farine, en bouillie, etc.

Au reste, les dictionnaires et les auteurs anglais ne sont pas même d'accord sur la valeur des caractères employés par les Chinois pour désigner leurs classes de céréales.

Nous ne nous arrêterons pas ici sur un sujet auquel nous devons nécessairement revenir dans l'analyse qui servira d'appendice à ce Mémoire. Nous dirons seulement que, lorsqu'on cherche à éclaircir ses doutes par l'examen des figures chinoises, on est souvent plus embarrassé encore, en reconnaissant combien est inapplicable à la plante représentée la dénomination que les dictionnaires avaient cru pouvoir lui assigner.

être ces provinces, où sévit un hiver long et rigoureux, possèdent-elles des variétés de printemps, ou, comme nous les appelons, des *blés de mars*, répondant à toutes les conditions qu'on recherche dans ces céréales, et que réunissent si rarement celles que nous cultivons. Il est même vraisemblable que nous aurions aussi d'importants emprunts à faire à la Chine parmi les blés d'hiver (1). Il nous semble cependant que le riz sera toujours celle des céréales au sujet de laquelle nous aurons le plus à demander aux Chinois, car, sous ce rapport, il existe dans la culture européenne une immense lacune. On a dit, on a répété que le riz ne contenait qu'à une faible dose les principes alibiles, la matière azotée, pour parler le langage des chimistes, dont le blé est si richement pourvu; mais ce qu'on ne saurait contester, c'est que, malgré son infériorité nutritive, le riz est recherché de toutes les populations, et qu'il s'en fait un commerce considérable.

Une objection bien autrement sérieuse est celle

(1) Nous nous appuyons ici sur l'opinion de notre illustre agronome, M. le comte de Gasparin, qui tout dernièrement a fait venir des blés du nord de la Chine pour en essayer les qualités.

de l'insalubrité des rizières qui, en Europe, devien-nent un foyer d'émanations poludéennes. On sai quels ravages la fièvre exerce parmi les population qui se livrent à cette culture, et cependant ses pro duits sont tellement considérables, les bénéfice qu'elle procure tellement assurés, que, sans l'atten tion qu'ont les gouvernements d'en limiter l'exten sion là où elle existe depuis longtemps, de la prohi-ber d'une manière absolue là où elle n'existe pa encore, l'avidité du paysan pour le lucre, lui ferai créer des rizières partout où il y aurait possibilité d le faire et chance de réussir. Sans cet utile despo tisme, la plupart des cours d'eau du midi de l'Eu rope se déverseraient bientôt sur les plaines voi sines, transformées en rizières, vaste foyer d'o sortirait l'abâtardissement graduel et la destructio des populations.

Cependant, qu'on le remarque, rien de tou cela n'arrive à la Chine; on y cultive le riz sur un immense échelle, à tel point que des provinces en tières sont en quelque sorte de véritables rizière d'une extrémité à l'autre, et la population s'y press aussi dense, aussi serrée, aussi robuste que dan les provinces à blé. Ni les auteurs chinois, ni le voyageurs qui ont parcouru la Chine, ne font men tion de ces fièvres endémiques si redoutables à l'entour de nos petites rizières d'Europe. A quoi donc peut tenir cette différence dans les résultats? Très-probablement à des procédés de culture particuliers, à des mesures hygiéniques, qu'une longue expérience enseigna au cultivateur. Voilà ce qu'il importerait d'aller demander à la Chine et ce qui déjà compenserait largement les plus grands sacrifices.

Calculons, en effet, ce que produirait en Espagne et en Algérie surtout, la culture du riz, dont le rapide développement permettrait de faire deux récoltes. En Chine, au moins dans les provinces méridionales, quatre-vingt-dix jours ou trois mois suffisent au riz pour se développer et mûrir ; Or, nous avons vu qu'Alger offre à très-peu de chose près le climat de Macao et de Canton, points des plus méridionaux dans l'empire, d'où nous concluons, sans trop de hasard, qu'il y aurait possibilité de faire en Algérie deux cultures successives sur le même sol et dans la même année. Lors même qu'en certaines localités on devrait se borner à une seule, comme cela se pratique en Lombardie et dans la Camargue, les bénéfices seraient encore assez considérables pour encourager les agriculteurs. Mais ces résultats seront toujours subordonnés à la condition d'assainir les rizières; mieux vaudrait cent fois renoncer à tous ces avantages, si le développement de la culture du riz devait transformer une partie de la France en marais Pontins.

Il existe cependant une variété ou peut-être une espèce de riz, qui ne présente pas les mêmes inconvénients, nous voulons parler de celle que l'on connaît sous le nom de *riz sec*, en Chine aussi bien qu'en Europe. Cette plante ne justifierait point son nom s'il fallait le prendre dans son acception la plus rigoureuse, car elle veut d'abondantes irrigations, à moins que le pays ne soit de sa nature très-pluvieux, mais au moins elle n'exige plus cette immersion du terrain sans laquelle ne peut prospérer le riz ordinaire. On la cultive en grand dans quelques districts montagneux du centre et du nord de la Chine, où par la disposition des lieux il est facile d'irriguer la rizière sans cependant y laisser stagner l'eau. La question serait pour nous de trouver des sites qui lui fussent favorables. Peut-être dans les départements du midi de la France les plus rapprochés de l'Océan, ceux des Basses-Pyrénées, des Landes et du Gers, par exemple, obtiendrait-on de véritables succès; nous croyons pourtant que cette culture aurait plus de chances de réussite dans les provinces occidentales de l'Espagne et en Portugal, où une chaleur plus forte s'unit à l'humidité de l'atmosphère et à une certaine facilité d'irriguer, deux conditions nécessaires dans la culture de toute espèce de riz (1).

Les autres céréales ont incomparablement moins d'importance que le blé et le riz ; elles n'en rendent pas moins des services qu'il pourrait être utile d'apprécier sur les lieux ; le sorgho, par exemple, fournit une eau-de-vie que des voyageurs revenus de Chine nous ont assuré pouvoir rivaliser avec nos bonnes eaux-de-vie ordinaires de raisins, et parmi les nombreuses espèces de légumes secs que les Chinois ont cru devoir classer à part sous le nom

(1) Plusieurs chapitres sont consacrés à cette plante intéressante dans notre Encyclopédie chinoise. On lui donne en Chine le nom de 旱 稻 littéralement *riz sec*, par opposition à celui de 水 稻 *riz aquatique*, par lequel est désigné le riz ordinaire. Dès les premières pages on nous fait pressentir combien diffèrent l'une de l'autre les cultures de ces deux espèces.

La méthode pour semer (le riz sec), lisons-nous, ressemble beaucoup à celle qu'on doit suivre pour semer le blé.

種 法 大 率 如 種 麥.

Nous nous proposons de publier prochainement dans son entier l'article concernant le riz sec. Il sera comme un spécimen du grand ouvrage dont nous avons entrepris la traduction.

générique de *Teou* 豆, il est indubitable que nous aurions aussi à faire de précieuses acquisitions. L'importance même que leur accorde une nation d'agriculteurs, nous est un sûr garant des services qu'ils rendent et du perfectionnement qu'ont dû subir leurs variétés.

II.

Légumes, légumes-racines et autres plantes alimentaires rentrant également dans la grande culture et dans la culture jardinière.

§ I. Espèces rentrant plus directement dans la grande culture.

1.—*Patates*.—A la suite des céréales viennent naturellement les tubercules. En Europe, nous plaçons en première ligne la pomme de terre, les Chinois ont la patate, dont ils font le plus grand cas ; et si, dans quelques localités, ils cultivent la pomme de terre elle-même, cette importation européenne, encore très-limitée, est jusqu'ici de peu d'importance pour eux.

Les patates ou batates (*Convolvulus Batatas*) sont au contraire généralement cultivées, même sous des latitudes relativement élevées, et sont du goût de tous les peuples. Elles entrent plus spécialement dans l'alimentation des classes pauvres auxquelles elles fournissent en Chine un complément de nourriture presque indispensable; leurs fanes y sont également employées comme fourrages, et l'on sait que c'est un des usages qui en recommandent la plantation dans les parties du midi de la France, où leur culture commence à devenir populaire.

Il est à remarquer que les Chinois consacrent assez généralement les plus mauvais terrains à la patate. Ce système qui, au premier abord, peut sembler en opposition avec les principes d'une saine culture, est cependant parfaitement rationnel aux yeux de ceux qui ont observé le mode de végétation de ces plantes. Dans la patate comme dans la pomme de terre, ce sont les tiges souterraines ou rhizômes et non les racines qui se convertissent en tubercules; mais, tandis que la pomme de terre demande une terre ameublie, les patates au contraire veulent être emprisonnées dans un étroit espace, où leurs rhizômes puissent se gonfler et se gorger de fécule. Or, ces rhizômes éminemment coureurs, ne se gonflent que peu ou point dans une terre légère qui ne leur offre pas de résistance, et qu'elles peuvent percer aisément dans tous les sens. Une curieuse expérience, faite il y a trois ans au jardin potager de Neuilly, par M. Jacques, alors jardinier en chef du château, le démontre de la manière la plus simple et la plus concluante. Il fit planter comparativement des patates sur le terreau meuble d'une vieille couche, où leurs tiges souterraines avaient toute liberté de se mouvoir, et d'autres dans des caisses en planches de quelques décimètres de côté sur toutes les faces. Les premières développèrent une abondance remarquable de fanes, mais leurs rhizômes nombreux et fort allongés ne produisirent que très-peu de tubercules et encore de petit volume ; celles au contraire qui étaient emprisonnées dans les caisses, en donnèrent une quantité considérable et de la plus grande dimension. Une particularité singulière et qu'il faut noter, puisqu'elle vient à l'appui de la théorie que nous soutenons, c'est que tous ces tubercules se pressaient sur les parois de la caisse comme s'ils faisaient effort pour briser l'obstacle. C'est la résistance qu'ils rencontrent que M. Jacques considère, et avec raison, comme ayant déterminé le gonflement des tiges ; ne pouvant se développer en longueur, elles regagnèrent en diamètre transversal ce qu'elles perdaient de ce côté. Voilà ce qui justifie le choix que les Chinois font des terres les plus compactes pour planter les patates, dont ils possèdent, au dire de tous les missionnaires, d'excellentes variétés (1).

Nous cultivons plusieurs patates en Europe, la plupart originaires des contrées chaudes de l'Amérique et de l'Inde. Il en est de ces variétés comme de celles de la pomme de terre et de tous les légumes; les unes sont exquises, les autres communes. Elles ne diffèrent pas moins quant au tempérament, qui permet aux unes de prospérer jusque sous le 45e degré, et qui retient les autres sous des latitudes plus chaudes. L'Espagne est bien mieux placée que la France pour la culture de toutes ces plantes; mais il existe surtout en Algérie une variété de climats (voir ce que nous en avons dit plus haut) qui les admet toutes. Nous en avons eu une preuve parlante dans le grand nombre et la beauté des tubercules envoyés l'année dernière à l'exposition des produits de l'industrie

(1) Les planches de l'Encyclopédie 授時通考 nous en montrent surtout deux variétés remarquables par leur volume et la forme de leurs feuilles.

française, par le directeur du jardin de naturalisa tion d'Alger.

A une époque où les récoltes de pommes de terr sont tous les ans plus ou moins gravement com promises par l'épidémie qui les a envahies depu 1845, la patate acquière une grande importanc Cette importance doublerait si l'on connaissait u procédé sûr pour la conserver d'une année l'autre ; malheureusement, on en est encore à l chercher. Toutes les tentatives qu'on a faites dan ce but, ou ont échoué complètement, ou n'ont ét pratiquables qu'à l'aide d'un surcroît de dépens hors de proportion avec les ressources des cultiva teurs, et souvent même supérieur à la valeur de récolte. C'est là le grand défaut de la patate, défau qui contrebalance ses excellentes qualités. Or, nou nous demandons si le peuple Chinois, si ingénieu dans toutes les choses de détail, n'aurait pas trou ce moyen simple, facile, peu coûteux d'emmaga ner les récoltes de patates. Nous nous demando encore si, parmi ces nombreuses variétés qu'il cu tive, il ne s'en trouverait pas qui, par un temp rament particulier, par une *idiosyncrasie*, comm disent les physiologistes, fussent faciles ou moins plus faciles à conserver que celles que no possédons. Il y a là une importante recherche à faire, et nous ne craignons pas d'avancer que la découverte, soit d'un procédé particulier d'emmagasinage, soit celle d'une nouvelle race de conservation facile qu'on introduirait en Europe, ferait une révolution notable dans toute l'agriculture du midi. Qui sait même s'il n'existe pas en Chine des races particulières plus rustiques, plus résistantes au froid que celles que nous possédons? Dans un sujet comme celui que nous traitons, il n'est point de détail qu'on doive négliger; souvent les améliorations les plus considérables sont la suite d'une observation, d'un fait en apparence minime, qui eût échappé à l'attention parfois distraite du voyageur.

2.—*Crucifères, (turneps, choux, etc.)*.— On sait quelle importance ont prises en agriculture, depuis un demi-siècle, les plantes de la famille des crucifères. Autrefois, bornées à un très-petit nombre d'espèces, elles ne se présentaient que comme plantes potagères, fort utiles déjà et recherchées avec raison. Depuis que le système des jachères est remplacé par celui des cultures sarclées, les crucifères (raves, turneps, colza, etc.) ont acquis une prépondérance qui n'est peut-être balancée que par celle des fourrages légumineux.

Les Chinois sont riches en plantes de ce genre, comme il est facile de s'en convaincre en feuilletant leurs ouvrages d'agriculture et de jardinage ; mais nous sommes forcés de dire ici ce que nous devons répéter sans cesse, que ces documents sont trop incomplets pour qu'il soit possible de se faire une idée suffisamment exacte des plantes avec leur seul secours. Resterait la ressource des herbiers de botanique ; mais ces herbiers eux-mêmes ne renfermant guère que les plantes qui croissent au voisinage des côtes, ou plutôt des seuls ports fréquentés par les Européens, ne nous sont, à cet égard, que d'une médiocre utilité.

Nous avons bien vu arriver de Chine, il y a quelques années, un petit chou mignon, crépu, d'un vert tirant sur le blanc et qu'on prendrait plus volontiers de loin pour une laitue romaine que pour ce qu'il est réellement. C'est le *Pe-tsai*, espèce en même temps très-délicate pour les usages culinaires et fort endurante au froid, rustique pour nous servir du terme consacré. Mais le *Pe-tsai* est une plante de jardinage plutôt que de grande culture, et ce serait empiéter sur ce que nous aurons à dire un peu plus loin que d'en parler ici.

En résumé nous ne savons rien ou presque rien

du rôle que jouent à la Chine, dans l'agriculture proprement dite, les plantes de la famille des crucifères. Peut-être les Chinois ne leur accordent-ils pas l'importance que nous leur attribuons. La vérification des diverses races de crucifères cultivées dans ce pays, soit pour leurs feuilles, soit pour les renflements de leur tige, nous semblerait pourtant une des questions les plus utiles à éclaircir. L'Europe y trouverait probablement d'utiles auxiliaires aux *fourrages-racines* qu'elle cultive déjà avec tant de succès, comme aussi probablement de bonnes acquisitions pour la culture potagère.

Nous l'avons dit un peu plus haut, l'agriculture chinoise se rapproche beaucoup du jardinage, et si nous voulions donner plus de développement à ce chapitre, nous tomberions insensiblement dans l'horticulture potagère. Il nous reste toutefois à parler de deux branches spéciales de l'agriculture, qui jouissent en Chine d'une importance presque égale à celle du riz lui-même. Nous voulons parler de la culture du mûrier et de celle du thé; mais ces deux cultures étant subordonnées à une manipulation compliquée de leurs produits, nous considérerons ces végétaux comme plantes industrielles, et nous en parlerons plus loin dans un chapitre où nous les trouverons associées à quelques autres espèces ayant également pour but de fournir des matériaux à l'industrie.

§ II. Espèces appartenant au jardinage plutôt qu'à la grande culture.

Si nous n'avons pas eu de grands éloges à donner à l'agriculture chinoise prise dans son ensemble, il n'en sera pas de même du jardinage que les Chinois entendent admirablement, et dans lequel ils possèdent même certaines pratiques, certains secrets, pour mieux dire, que nos jardiniers auraient tout intérêt à leur emprunter. On pourrait écrire tout un volume sur cette branche de la culture chinoise; mais le but de ce mémoire étant seulement d'en donner une idée générale, nous nous bornerons à passer sommairement en revue les végétaux sur lesquels elle s'exercé.

Nulle part au monde on ne cultive mieux les plantes potagères qu'en Chine, comme nulle part aussi on n'en cultive un plus grand nombre d'espèces. Ici se montre dans tout son jour, l'adresse du jardinier chinois qui, sur une parcelle de terre, où chez nous un homme vivrait à peine, trouve le moyen de se nourrir avec sa famille, et quelquefois de s'enrichir, par la vente des produits de quatre ou cinq récoltes annuelles. C'est que le jardinier chinois pratique de temps immémorial l'art, comparativement nouveau chez nous, de forcer les légumes, c'est-à-dire d'en hâter le développement par la chaleur artificielle, comme aussi de les faire venir à contre-saison; on pourrait dire d'une manière générale, pour caractériser le jardinage à la Chine, qu'il vise à surmonter des difficultés, ou, si l'on veut, à faire des tours de force, ce qui est du reste tout à fait en harmonie avec les goûts des Chinois; nous en citerons quelques exemples en parlant de leur jardinage d'ornement.

Cette supériorité des Chinois en horticulture n'a rien qui doive surprendre; elle est le contre-poids ou pour mieux dire la suite même de l'insuffisance de leur agriculture, qui les oblige à chercher dans le jardinage un complément indispensable aux substances alimentaires qu'elle leur fournit. L'homme ne pourrait pas vivre exclusivement de riz; mais il vivra s'il peut y ajouter les graines des légumineuses, qui compenseront par leur richesse en azote, ce qui manque sous ce rapport à la céréale de prédilection du Céleste-Empire.

D'un autre côté, le besoin impérieux de varier sa

nourriture a conduit l'homme à multiplier le nombre des espèces auxquelles il demande ses aliments ; de là le grand nombre de végétaux cultivés dans les jardins, si on le compare avec celui des espèces simplement agricoles. Ces conditions ne sont point du reste les seules qui président au développement du jardinage ; il en est une plus décisive encore que celles qui naissent des besoins des individus isolés ; c'est, pour l'horticulteur de profession, la nécessité de trouver un débouché rapide et assuré aux produits souvent très-fugitifs de son industrie ; aussi pouvons-nous dire que si le besoin de varier sa nourriture a fait créer les jardins, ce n'est qu'autour des villes que l'industrie horticole a pu se développer, puisque là seulement elle est assurée d'échanger ces produits contre de l'argent.

On est étonné lorsqu'on lit, dans les statistiques, le prodigieux développement du jardinage maraîcher autour de Paris. Il y a peu de personnes encore aujourd'hui, même parmi les plus éclairées, qui se doutent de l'importance qu'a prise en France cette partie de l'art agricole, probablement parce qu'elle s'exerce le plus souvent sur des espaces fort limités. Mais si les jardins sont généralement petits, ils rachètent leur exiguité par leur nombre ; on les trouve partout, depuis le hameau, depuis la ferme isolée, presque toujours entourée de son *ouche*, comme on dit en Bourgogne, jusqu'au centre des villes les plus populeuses.

Ce qui distingue aussi cette branche de culture d'avec l'agriculture proprement dite, c'est le revenu incomparablement plus élevé du terrain, à égalité d'étendue. Qu'on nous permette ici une petite digression qui, sans nous éloigner du sujet que nous traitons, fera voir à ceux de nos lecteurs qui ne seraient pas initiés aux progrès de l'horticulture moderne, quel rang elle occupe aujourd'hui, quant à l'importance, parmi nos différentes industries. Nous emprunterons nos documents au mémoire de M. Puvis, ancien député, et président de la société d'horticulture de l'Ain, dont les vastes connaissances et les nombreux travaux de statistique horticole rendent les assertions incontestables.

D'après cet honorable agriculteur, les documents statistiques officiels de 1840 portent à un million d'hectares l'étendue des vergers et des jardins en France ; dans cette évaluation sont comprises, il est vrai, les plantations d'arbres à cidre, les vergers rustiques de châtaigniers et de noyers, dont nous exagérons peut-être l'étendue en la portant à 100,000 hectares. Si nous retranchons ces 100,000 hectares, ainsi que 300,000 autres qui représentent les jardins négligés, ceux des chaumières et des petites maisons rurales, dont le produit est sans doute important pour le consommateur, mais le plus souvent faible par défaut de soins et d'engrais, il nous restera 600,000 hectares d'un grand produit.

Il s'agit maintenant d'apprécier le produit brut de cette culture : pour cela, nous rappellerons, comme produit extrême, celui des jardins des *hortillons* d'Amiens, qui, d'après M. Héricart de Thury, s'élèverait en moyenne à 8,100 fr. par hectare. Il est résulté des recherches faites sur la culture potagère des environs de Londres, qu'on pouvait porter son produit brut annuel à 3 ou 4,000 fr. par hectare. Les jardins légumiers et fruitiers des environs de Paris produisent les deux tiers au moins de cette somme; ceux d'Aubervilliers, qui se cultivent en grand avec moins de travaux et de main-d'œuvre, qui ne produisent que de gros légumes, dont chaque famille cultive 15 ou 20 hectares, qui ne reçoivent d'arrosement qu'au moment de la plantation, ne se fument que tous les trois ou quatre ans et se travaillent à la charrue, sont loués 3 ou 400 fr. l'hectare, et leur produit brut s'élève au moins à trois ou quatre fois cette somme.

Les terrains occupés par les semis de toute variété, par les pépinières, par les moyens de multiplication de toutes les espèces, exigeant beaucoup de soins et de main-d'œuvre, doivent donner un produit brut considérable.

Les jardins de primeurs, en raison des dépenses qu'ils exigent, doivent en donner un plus élevé encore.

Les jardins fleuristes, avec leurs plantes rares, leurs serres chaudes ou tempérées, leur outillage varié, etc., doivent beaucoup produire pour n'être pas ruineux.

D'après ces considérations, ne serons-nous pas encore au-dessous de la vérité en estimant à 1000 fr., comme moyenne, le produit brut de l'hectare cultivé en jardin de toute espèce, légumier, fruitier, de primeur ou fleuriste? Si l'on admet cette moyenne, toute faible qu'elle est, nous arriverons à l'énorme produit de 600 millions de fr. pour les 600,000 hectares de jardins productifs.

A ce chiffre, il faudrait ajouter le produit des 400,000 hectares que nous avons négligés, et qui, tout faible qu'on le suppose, ne peut être moindre de 100 fr. par hectare; soit 40 millions de plus. Mais nous le répétons, cette évaluation du produit brut des terres cultivées en jardins en France, est plutôt au-dessous qu'au-dessus de la vérité ; et, d'ailleurs, il ne saurait y avoir d'erreurs dans le calcul du nombre d'hectares ainsi cultivés, puisque cette partie de la statistique a été puisée dans les relevés du cadastre, désormais achevé ; et dont on reconnaît généralement l'exactitude.

Examinons maintenant les conditions dans lesquelles se trouvent ceux qui cultivent cette étendue de terrain. L'observation de ce qui se passe, nous fait voir qu'il faut en moyenne, une famille pour la culture d'un hectare. Les 600,000 hectares de jardins fourniraient donc le travail et la vie à 600,000 familles ou trois millions d'individus. Remarquons, en passant, que cette population est sans comparaison, parmi celle des classes ouvrières qui travaillent pour la ville, la plus laborieuse, la plus morale et par conséquent la plus aisée.

Il est très-souvent question, dans les statistiques agricoles, de l'importance des produits de la viticulture et des intérêts de la population vinicole. Cependant, les produits du jardinage sont plus élevés que ceux des vignobles, qu'on ne peut guère évaluer en bloc à plus de 500 millions de francs, et les vignes font vivre 1 million de familles ou

5 millions d'invidus, presque le double de ceux qu'occupent les différentes exploitations horticoles. Si nous évaluons en chiffre le revenu de chaque famille dans les deux industries, nous trouverons 1,066 fr. par famille de jardiniers, et seulement 500 fr. par famille de vigneron, rapprochement qui suffit pour montrer de quel côté se trouve la plus grande somme de bien-être.

Mais revenons aux jardins de la Chine. Qui ne comprend maintenant l'importance de leur rôle dans une population de plus de 250 millions d'individus, et surtout au voisinage de ces prodigieuses villes de Pé-king, de Nan-king, de Canton et de quelques autres, qui seraient, en Europe, des capitales de premier ordre?

Aucun homme pratique ne pourra donc certainement contester les avantages à tirer pour l'Europe de l'étude approfondie des procédés employés dans l'horticulture chinoise, comme de l'introduction, dans nos jardins, des innombrables espèces de légumes et d'arbres fruitiers que depuis des siècles elle multiplie et améliore, et qui fournissent annuellement à des millions d'hommes le nécessaire et le confortable de la vie.

Ce n'est pas sans raison que nous avons insisté

un peu plus haut sur la variété des climats de la Chine. Le climat est la grande loi naturelle qui règlemente la culture des espèces. Or, plus les climats d'une même contrée seront variés, plus le seront aussi les produits du sol, et en particulier ceux de la petite culture. C'est ce qui explique le nombre considérable d'espèces répandues dans le jardinage chinois, espèces qui, toutes ou presque toutes, s'acclimateraient aisément, soit en France, soit en Espagne, soit en Algérie, dont les climats correspondent si bien à ceux du Céleste-Empire.

Nous allons maintenant jeter un rapide coup d'œil sur les principales espèces végétales qui forment le fond de l'horticulture chinoise, négligeant d'ailleurs celles qui ne nous paraîtront offrir qu'un intérêt secondaire, et passant, à regret, sous silence toutes celles que la conversation des missionnaires ou la lecture des auteurs chinois nous donne l'envie de connaître, sans nous fournir encore de renseignements assez précis pour nous permettre d'en parler sciemment.

PLANTES LÉGUMIÈRES PROPREMENT DITES.

1. — *Choux et autres crucifères.* — Nous avons déjà dit quelques mots du *Pe-tsai* (*chou blanc* et non

chou du nord, comme on l'appelle à tort dans la plupart des ouvrages d'horticulture (1), ce légume qui s'est introduit depuis peu dans nos jardins de botanique où jusqu'à présent il n'a guère paru qu'à titre de plante curieuse ; n'est pas la seule espèce du genre que cultivent les Chinois. Ils ont comme nous de nombreuses variétés de choux dont les usages culinaires sont très-multipliés. Ce sont des choux pommants, des choufleurs, des choux à tige ou à racine renflée, etc. Les notes que nous avons compulsées à ce sujet dans différents auteurs sont trop vagues pour qu'on puisse préciser au juste la valeur des variétés nombreuses de chacune de ces catégories; elles ne font voir qu'une chose, la nécessité de recourir à l'expérimentation directe, et aussi aux connaissances acquises par les jardiniers chinois, pour juger des services qu'elles rendraient à notre horticulture potagère.

2. — *Espèces légumineuses : pois, haricots*, etc. — Les légumes de la famille des *papilionacées* ou *légumineuses*, sont bien plus nombreux en Chine

(1) L'erreur vient sans doute de ce que les interprètes qui donnèrent les premiers la signification des mots *Pe-tsai*, auront confondu le mot *Pe* 北 Nord, avec le mot *Pe* 白 blanc. La similitude dans la prononciation est loin comme on le voit de se rencontrer dans les caractères qui ne permettent pas la moindre équivoque sur le sens.

que ceux de la section précédente, ce qu'expliquent la chaleur estivale de presque toutes les parties de l'empire, et son avancement au midi. Outre un nombre presque infini de variétés de pois, de haricots, de lentilles, de fèves, etc., plus ou moins rapprochées de celles que nous possédons en Europe, et qu'ils comprennent toutes sous la dénomination générique de *Téou* 豆, ainsi que nous l'avons vu, ils cultivent un grand nombre d'espèces plus spécialement propres aux pays chauds, et surtout les dolics, dont quelques variétés ont été introduites dans les cultures de l'Égypte. Toutes ces plantes se font remarquer par leur richesse en matière nutritive, soit pour l'homme, soit pour les animaux domestiques. Toutes peuvent également servir à former des engrais verts, et sont fréquemment employées de cette manière par les Chinois. Il y aurait ici des recherches extrêmement intéressantes à faire pour trouver parmi les espèces de la Chine, soit des races productives en grains, soit d'autres races pouvant devenir fourragères ou matière à engrais. L'expérience des Chinois ne suffirait point pour nous guider à cet égard; il serait utile ou plutôt indispensable d'expérimenter nous-mêmes ces différentes espèces, afin de découvrir celles qui peuvent le plus directement répondre aux besoins de notre grande et de notre petite culture.

3. — *Légumes verts.* — Le nombre en est considérable, et nous ne pouvons même pas en donner la liste, qui serait longue et de peu d'intérêt, faute de détails suffisants. Ce sont, en général, de nombreuses variétés d'asperges, d'oseille, d'épinards, de laitues, de cressons, ou de plantes servant de condiments, comme piments, poivres, etc., plus un certain nombre d'espèces qui n'ont pas leurs analogues en Europe. Un jardinier de profession serait seul capable d'étudier sur place cette partie intéressante du jardinage chinois, qui, moins que toute autre, peut être jugée sur des dessins ou sur de vagues descriptions.

4. — *Légumes-racines.* — Nous comprenons sous cette dénomination tous les légumes dont le produit utile est adhérent à la racine ou simplement formé dans l'intérieur du sol, tels que les ognons, les échalottes, etc., dont les Chinois, au moins ceux des classes populaires, font une énorme consommation. Nous pourrions y joindre les carottes, raves, navets, betteraves, patates et autres légumes analogues; mais nous répéterons ici ce que nous avons dit en parlant des espèces de la section précédente, que,

pour bien les juger, il faut être versé dans la pratique du jardinage. Nous croyons même qu'il ne serait pas indigne du gouvernement d'un grand pays d'adjoindre à une commission scientifique envoyée en Chine, un ou deux jardiniers bien au courant des espèces et variétés utilisées en Europe, pour étudier les produits des potagers chinois, et faire choix parmi ces variétés de celles qui mériteraient le plus d'être introduites dans nos cultures.

5. — *Légumes-fruits.* — Cette section comprendra toutes les plantes herbacées cultivées pour leurs fruits, soit qu'on les mange crus, soit qu'on ne les emploie qu'après les avoir fait cuire, comme les courges, les melons, les tomates, etc. Toutes ces espèces constituent l'une des richesses horticoles les plus estimées des Chinois : aussi leurs marchés sont-ils, dans certaines saisons, littéralement obstrués de fruits de cette nature, parmi lesquels ceux de la famille des Cucurbitacées occupent une large place. Les voyageurs vantent certaines variétés de melons qui égalent au moins, si elles ne les surpassent, celles que nous possédons en Europe. Un missionnaire connu dans la science autant que dans les annales de la propagande catholique, M. Voisin, qui, durant un long séjour

en Chine, apprit à en apprécier les ressources alimentaires, nous a parlé aussi de certaines courges d'une grande dimension, remarquables surtout par la consistance de leur chair et par leur richesse en fécule (1). Ce serait, mais sous un volume quatre ou cinq fois plus considérable, l'analogue de la nouvelle variété connue chez nos maraîchers sous le nom de *Courge pain-du-pauvre*, où, d'après les expériences de M. Louis Vilmorin, l'iode fait découvrir une forte proportion de fécule. Plusieurs autres cucurbitacées se cultivent avec celle-ci dans les provinces méridionales, mais sont moins connues.

Les tomates et les aubergines, si importantes dans le jardinage potager du midi de l'Europe, sont également en honneur dans les marais de Paris, quoique le climat leur soit peu favorable. Il en existe une très-grande variété dans les provinces méridionales de l'empire chinois.

Légumes divers et n'ayant pas d'analogues dans le jardinage européen.

Les espèces qui composent cette section sont très-différentes les unes des autres, et mériteraient cha-

(1) Cette courge oblongue, à peu près de la forme du fruit des Benincasa ou courges à cire, a plus d'un mètre de long sur 30 à 40 centimètres de diamètre.

cune d'être traitées dans un chapitre particulier mais le cadre restreint de cet opuscule ne nous permet pas même de les signaler toutes; nous ne dirons que quelques mots des plus importantes.

1. — *Caladium.* — On cultive dans presque toutes les régions chaudes ou tempérées-chaudes, diverses espèces de Caladiums, plantes analogues à notre Arum vulgaire pour les tubercules de leurs racines, qui renferment plusieurs variétés des fécules les plus délicates que l'on connaisse, telles que l'*Arrow-root* et le *sagou*, dont le commerce européen tire un si grand parti. L'Égypte a le *Caladium colocasia*, qui n'est pas la colocase des anciens, et qu'elle a emprunté à l'Inde; la Nouvelle-Zélande cultive le *Taro* (*Caladium esculentum*), qui se retrouve dans un grand nombre d'îles de l'Océan Pacifique, dans l'Inde et dans les provinces méridionales de la Chine.

On ne cultive encore aucune espèce de Caladium dans les parties les plus méridionales de la France, mais deux ou trois se sont déjà naturalisées en Algérie, et nous avons vu figurer leurs tubercules à l'exposition des produits de l'industrie française, où M. Hardy les avait envoyées avec d'autres produits de la culture algérienne. Ce fait annonce clairement que beaucoup d'autres espèces s'y acclimateraient de même; nous oserions presque assurer que toutes celles qui sont cultivées en Chine y prospéreraient, grâce à cette analogie du climat d'Alger avec celui de Canton, que nous croyons avoir démontrée par les relevés météorologiques cités plus haut.

2.—*Nelumbium.*—Les Nelumbiums ou nélombos sont autant des plantes d'ornement que des plantes potagères. Ils croissent dans les eaux courantes ou dormantes à la manière de nos nénuphars, dont ils approchent par l'organisation. La colocase des anciens qui croissait dans le Nil est de toute évidence un nelumbium, comme l'indique clairement la phrase descriptive de Théophraste, et, dès cette époque reculée, les graines en étaient récoltées pour les usages alimentaires. Les Chinois en ont aussi quelques espèces dont ils se servent pour utiliser les lacs et les étangs. Les graines de ces plantes donnent une farine très-estimée.

3. — *Trapa bicornis.*—Nous avons en Europe une plante de ce genre, le *Trapa natans*, dont les fruits connus sous le nom de *Châtaignes d'eau*, *Cornuelles*, *Cornes du diable*, contiennent une pulpe farineuse qui les fait rechercher dans quelques provinces.

Cette plante est trop négligée. L'espèce chinoise qui, botaniquement, diffère peu de la nôtre, lui est supérieure pour le volume et la qualité des fruits; elle mériterait d'être cultivée en Europe, où elle servirait avec les nélombos à tirer parti des eaux stagnantes aujourd'hui improductives.

4.—*Ignames* (*Dioscorea*).—Les ignames ou yams sont fort estimées dans toutes les régions tropicales pour l'excellence de la fécule qu'on retire de leurs volumineux tubercules. On a vainement cherché à les acclimater en Provence, où la chaleur n'est pas tout à fait suffisante, mais elles réussissent déjà bien à Alger. La question serait de voir si, parmi les variétés que l'on cultive en Chine, il ne s'en trouverait pas de plus rustiques que celles que l'on a déjà importées. Dans tous les cas, on peut considérer d'avance comme acquises à l'horticulture espagnole et algérienne toutes celles qu'on élève dans les provinces de la Chine.

CHAMPIGNONS.

Les champignons entrent pour leur part dans l'alimentation des Chinois, mais ils n'en font pas un moindre usage dans leur thérapeutique. Ils en cultivent, comme nous, une espèce qui diffère certainement de la nôtre, puisqu'elle exige dans sa culture le fumier de bœuf ou de buffle, tandis que celle d'Europe ne réussit dans nos jardins qu'avec le fumier de cheval. Lorsqu'on tient compte du grand développement que la culture du champignon de couche a pris en France, en Belgique et en Angleterre, mais surtout autour de Paris, où cette industrie fait vivre plusieurs centaines de familles (1), on conçoit combien pourrait être intéressante pour notre horticulture l'introduction d'une ou de plusieurs nouvelles espèces, peut-être supérieures à celles que nous cultivons.

Indépendamment de leur champignon cultivé, les Chinois savent tirer parti des espèces sauvages, qu'ils semblent avoir étudiées avec un grand soin. Dans l'Encyclopédie 授時通考, un long chapitre est consacré à cette étude; on s'attache à faire connaître les signes caractéristiques qui différencient les bonnes espèces des espèces vénéneuses, et à indiquer les emplois divers aux-

(1) On sait que la plupart des carrières abandonnées qui se trouvent aux alentours de Paris ont été converties en *champignonnières* par les maraîchers. On estime que la totalité des meules que contiennent les carrières, si elles étaient placées à la suite les unes des autres, n'occuperaient pas moins de 120 à 130 kilomètres de développement.

quels chacune d'elles peut être appliquée. Les auteurs chinois les divisent en deux catégories principales : les champignons qui croissent sur la terre et ceux qui croissent sur les arbres. « On doit éviter de manger des champignons au printemps, ajoutent-ils, car ils causent souvent à cette époque des maladies cutanées. »

On donne aussi de nombreux préceptes sur la culture de l'espèce domestique, dont la cendre et de fréquents arrosages favorisent le développement.

Dans le 本草 nous trouvons sur les champignons de nouveaux détails qui complètent ceux que donne l'Encyclopédie.

La multiplication des champignons s'opère en Chine comme chez nous, par le mycelium, connu des jardiniers sous le nom de *blanc*. On mêle ce mycelium avec différentes substances ; on l'enfouit dans la terre, et en l'arrosant copieusement avec l'eau qui a servi à laver le riz, on récolte des champignons au bout de deux ou trois jours. Si cette rapidité de croissance n'est pas exagérée, l'espèce chinoise aurait au moins sur nos champignons de couche l'avantage de la précocité, puisque ces derniers ont besoin de quarante et cinquante jours pour se développer.

Nous pourrions étendre beaucoup cette liste de plantes cultivées; mais le peu que nous en avons dit, suffit pour montrer l'importance des emprunts en espèces jardinières à faire au Céleste-Empire, et l'analyse de l'Encyclopédie chinoise, placée à la fin de ce volume, achèvera d'en esquisser la nomenclature, en donnant sur certains légumes exotiques des détails que nous ne saurions placer ici sans crainte de nous répéter.

III.

Arbres fruitiers.

L'examen des arbres fruitiers cultivés en Chine, nous inspirera les mêmes réflexions que nous avons déjà faites à propos des plantes potagères. Le nombre en est fort grand, car, indépendamment de la plupart de nos espèces européennes, les Chinois en cultivent un grand nombre d'autres, soit originaires de leur pays, soit empruntées à des contrées plus chaudes.

Il faut l'avouer toutefois : leurs connaissances en

arboriculture ne sont pas aussi avancées qu'en jardinage potager. Sans doute les Chinois pratiquent comme nous les opérations de la taille et de la greffe, mais ils n'ont pas poussé aussi loin que les Européens cette entente des soins réclamés par les arbres fruitiers, qui donne, sous ce point de vue, aux jardiniers de l'Angleterre, de la France et de l'Allemagne, une supériorité incontestable.

Nous n'avons que des notions fort incomplètes sur l'arboriculture des Chinois, nous savons seulement qu'ils ont comme nous le poirier, le pommier, le pêcher, et autres arbres à fruits si communément cultivés chez nous; nous savons encore qu'ils possèdent plusieurs espèces analogues, c'est-à-dire appartenant aux mêmes genres, et dont quelques-uns même sont déja arrivés en Europe; mais ce qu'il nous importerait surtout de connaître et de nous approprier, ce sont les nombreuses variétés d'arbres à fruits cultivables en France et les espèces méridionales encore inconnues à nos arboriculteurs, dont l'acclimatation serait possible en Algérie, en Espagne et même en Italie. Voici une liste abrégée des principales espèces ou variétés cultivées dans les provinces les plus chaudes de l'empire:

1. — *Xylopia*. — Plusieurs arbres ou arbrisseaux

de ce genre produisent de délicieux fruits, connus des Anglais sous le nom de *Custard-Apples ;* on les retrouve dans l'Inde et jusque dans l'Amérique méridionale sous différents noms.

2. — *Jujubiers.* — Plusieurs espèces ou variétés sont cultivées par les Chinois ; nous les connaissons peu.

Un arbrisseau de la même famille, le *Sageretia theœzans*, est en quelque sorte une succédanée de l'arbre à thé pour les classes les plus pauvres, qui dessèchent ses feuilles et en boivent l'infusion.

3.—*Diospyros kaki.*— Arbre dont le fruit est médiocre comme fruit de table, mais qui est fréquemment usité pour la confection de conserves et comme astringent. On le cultive avec succès en Provence, où ses fruits commencent à se vendre sur les marchés. Il serait utile de rechercher des variétés préférables à celles que nous cultivons.

4. — *Figuiers.* —La Chine cultive une grande variété de figuiers dans ses provinces méridionales, variétés à peine connues des Européens, qui ne fréquentent que les ports. Bien que nous ayons déjà d'excellentes figues dans le midi de l'Europe et même dans le Languedoc et la Provence, il ne serait pas sans intérêt ni utilité d'étudier les espèces chi-

noises, et d'importer en Europe celles qui se distinguent par leur mérite ou par quelques particularités de leur végétation. Peut-être y trouverait-on des races plus robustes, plus rustiques que celles d'Europe, moins exposées par conséquent à périr par la gelée, comme cela arrive de temps en temps dans le midi, ainsi que nous l'avons vu durant le rude hiver de 1839, où presque tous les figuiers du Languedoc furent gelés jusqu'à la souche.

5. — *Vigne.* — La vigne est connue à la Chine depuis une haute antiquité, mais elle n'y a pas été l'objet des mêmes soins qu'en Europe ou dans l'Asie occidentale. Les Chinois font peu de vin de raisin; ils cultivent la vigne pour en manger le fruit; et les voyageurs s'accordent à nous dire qu'il en existe de nombreuses variétés.

On sait quel intérêt s'attache aujourd'hui à l'étude des cépages. C'est surtout depuis la publication du traité d'*Ampélographie* de M. le comte Odart que les viticulteurs tournent leurs vues vers l'amélioration des races qui, semblerait-il, dégénèrent avec le temps, soit par suite du mode de multiplication, qui se fait toujours par bouturage ou marcottage, soit parce que ces races restent un trop grand nombre de générations sur le même sol. L'étude de notre industrie vinicole fait voir en effet que la plupart de nos meilleurs cépages ont été empruntés à l'étranger ; quelques autres ont été dus au hasard, sans qu'on sache trop à quoi attribuer leur origine. Quoi qu'il en soit, les expérimentateurs se sont mis à faire des semis dans l'espoir de créer par cette voie, si féconde pour d'autres branches de culture, de nouvelles races propres à remplacer celles qui ont dégénéré ou menacent de disparaître, comme aussi d'en trouver qui conviennent mieux à tel climat ou à tel sol que celles que l'on y cultive aujourd'hui. Nous ne craignons pas d'avancer *à priori* que la Chine offrirait sous ce rapport un grand intérêt. On ne peut guère douter qu'avec ses climats excessifs autant que variés, elle n'ait imprimé à la vigne des modifications profondes, se traduisant au-dehors par des propriétés diverses qu'il appartient à l'agriculteur d'apprécier et d'utiliser. Sans préjuger à l'avance les qualités de ces diverses races, on peut supposer, presque à coup sûr, que l'industrie chinoise a su en créer ou en découvrir dont l'introduction en Europe rendrait des services à notre agriculture, soit en fournissant de bons cépages pour la fabrication du vin, soit en nous procurant des espèces de table propres à accroître nos richesses viticoles, et peut-être à faire disparaître de nos jardins beaucoup de variétés médiocres qu'on y conserve seulement faute de mieux. Tous les cultivateurs d'espèces fruitières savent combien les vignes du nord de la France laissent encore à désirer sous le rapport de la quantité et des produits.

6.—*Oranges*, *Limons*, *Citrons*, *etc.*—Aucun pays du monde peut-être ne renferme autant d'espèces et de variétés cultivées de la belle famille des Hespéridées que la Chine (1). Remarquons cependant qu'on ne les cultive guère que jusqu'au 30e degré de latitude, qui semblerait correspondre au 43e pour l'Europe occidentale, et en particulier pour la France. Il existe toutefois un petit nombre d'espèces rustiques et indigènes qui s'avancent beaucoup plus loin vers le nord, et y bravent impunément des froids rigoureux. Tel est, par exemple, l'espèce de petit citronnier connu sous le nom de *Kum-Quat*, envoyé récemment en Europe par M. Fortune, et que l'on espère voir s'acclimater en Angleterre. Ce n'est, il est vrai, qu'un arbuste d'ornement ; mais il prouve qu'il peut exister dans cette famille des espèces ré-

(1) Entre autres emprunts déja fait à la Chine, dans la famille des Hespéridées, nous citerons la belle orange mandarine, cultivée à Malte et dans d'autres localités du midi de l'Europe.

sistantes au froid; et peut-être, si l'intérieur de la Chine avait été mieux observé au point de vue des produits du sol, y aurait-on découvert des races d'orangers ou de citronniers cultivées bien au-delà de la limite que nous leur avons assignée tout-à-l'heure.

Mais laissant ce côté problématique de la question, il n'en demeure pas moins établi que les provinces méridionales récoltent des oranges exquises et très-variées. Un horticulteur versé dans la connaissance de ce genre d'arbres, y trouverait un riche répertoire où il pourrait puiser abondamment pour toute l'Europe méridionale et pour l'Algérie.

7. — *Li-tchi.* — Si nous nous en rapportons aux récits des voyageurs et aux témoignages des auteurs chinois, les fruits désignés en Chine sous le nom de *Li-tchi* sont non-seulement les plus estimés dans tout l'empire, mais les meilleurs que l'on connaisse; à moins qu'on ne leur donne pour rivaux les bananes ou les fruits du mangoustan de l'Inde.

Il existe plusieurs espèces de Li-tchi, toutes rapportées par les botanistes les plus modernes au genre *Nephelium* de la famille des Sapindacées, et décrites dans des auteurs plus anciens sous les noms de *Dimocarpus* et d'*Euphoria*. A cette famille, se rattachent également les *Pierardia sativa* et *dulcis* qui produisent les fruits connus dans la Malaisie continentale sous le nom de *Rambeh* et de *Choupa*, ainsi que l'*Hedycarpus malayanus*, dont les fruits très-estimés aussi sont appelés *Tampui* dans le même pays.

Les Chinois distinguent par les noms de *Li-tchi* et de *Long-yen*, deux espèces principales qui se subdivisent elles-mêmes en plusieurs variétés, et auxquelles ils en associent une troisième connue aux Indes sous le nom de *Rambutan*. Ici, comme dans tout le reste de leur nomenclature botanique, il règne une grande obscurité qu'on n'éclaircira que par l'étude des espèces faite sur les lieux ; mais ce qui nous intéresse le plus, c'est de savoir jusqu'à quel point l'acclimatation de ces espèces, cultivées dans les provinces méridionales de la Chine, est possible chez nous. Si l'on a présente à l'esprit la comparaison que nous avons faite des climats de Canton et d'Alger, on ne pourra guère mettre en doute que les *Li-tchi* et les *Long-yen* ne doivent prospérer en Afrique, où l'hiver est remarquablement plus doux que sur la côte méridionale de l'empire chinois. La même remarque s'applique à l'Andalousie, à la Sicile, et probablement aussi à la pointe la plus avancée vers le sud de l'Italie.

8. — *Bananiers.* — Les services que rend le bananier dans les climats chauds sont trop connus pour que nous insistions longtemps sur l'utilité de sa culture en Algérie. Il nous suffira de rappeler que les fruits de certaines espèces ont une saveur exquise, et que quelques autres, gorgés de fécule comme la pomme de terre, sont préparés en guise de pain par les montagnards des Andes.

Les fibres des feuilles et des tiges sont employées dans l'Inde à confectionner des mousselines d'une extrême finesse. Le bananier, comme plante textile ou comme plante alimentaire, est donc également digne d'intérêt, et lors même que le climat de notre possession d'Afrique ou celui de l'Espagne méridionale ne suffirait point pour assurer de bonnes récoltes de fruits, sa culture présenterait encore des avantages réels.

Nous avons vu qu'en Espagne le bananier se montre déjà sous le 39e degré dans les jardins de Valence, où ses fruits ne mûrissent pas encore, il est vrai. A Carthagène, à Grenade, à Malaga, et dans les autres villes situées à la même latitude, les fruits, quoique petits et très-sujets à couler au moment de la floraison, commencent cependant à mûrir ; la plante atteint des proportions qui suffiraient déjà pour en assurer la culture au point de vue de l'industrie.

Au jardin d'acclimatation d'Alger, M. Hardy, dont nous avons rapporté plus haut les essais et les observations météorologiques, cultive en grand l'espèce de bananier connue des botanistes sous le nom de *Musa paradisiaca*, qui s'y développe aussi majestueusement qu'aux Antilles. Cette espèce y fleurit et donne des fruits qui, pour la saveur, ne laissent rien à désirer; mais, de même qu'en Andalousie, ces fruits restent petits, et il en tombe un grand nombre au moment de la floraison. En portant la culture du bananier à deux ou trois degrés plus au sud, on obtiendrait certainement des résultats tout à fait satisfaisants; ceci ne peut venir il est vrai qu'avec les progrès de la colonisation du pays.

Les Chinois cultivent plusieurs espèces ou variétés de bananiers. Cinq d'entre elles ont été remarquées surtout par les Européens, qui les ont appelées : *Bananier commun*, *Bananier vert*, *Bananier à fruits triangulaires*, *Bananier à peau fine*, *Bananier nain*. Cette dernière variété est sans doute celle qui figure dans nos serres sous les noms de *Bananier de la Chine* et de *Musa sinensis* ou *Musa Cavendishii*. Ses fruits sont fort estimés, et la plante joint à ce premier mérite celui de ne s'élever guère qu'à 1m,60 ou tout au plus à 2m, tandis que les bananiers ordinaires (*Musa paradisiaca*, *Musa sapientum*, etc.) s'élèvent ordinairement à 4 ou 5 mètres.

C'est la grande taille des anciennes espèces de bananiers qui a empêché leur culture de devenir, comme celle de l'ananas, un objet de spéculation horticole autour des grands centres de population de l'Europe ; ainsi en Angleterre, tandis qu'il se consomme une immense quantité d'ananas récoltés dans le pays, presque toutes les bananes qui paraissent sur les tables de l'aristocratie sont apportées des Antilles, où il faut les cueillir avant qu'elles n'aient atteint leur maturité complète, afin de les conserver pendant le voyage. En effet, de cette haute taille des bananiers résulte la nécessité d'élever les serres à des proportions que les ressources des horticulteurs marchands ne leur permettent pas d'atteindre ; la reine Victoria et quelques amateurs millionnaires ont pu seuls, jusqu'ici, se donner le luxe des serres à bananiers qui, tout calcul fait, coûtent beaucoup plus qu'elles ne rapportent.

Lors de l'introduction en Europe de l'espèce naine de la Chine, nos jardiniers conçurent l'espoir d'associer cette nouvelle culture à celle des ananas qui se développent dans des serres basses, et ils multiplièrent leurs essais dans ce but. Malheureusement, la plante, tout en se développant à merveille, se met difficilement à fruits; le temps qu'elle exige pour arriver à ce résultat est trop considérable et par conséquent les frais de chauffage trop élevés pour qu'on puisse espérer des bénéfices de sa culture en serre. Nous devons dire toutefois qu'il y a deux ou trois ans, un horticulteur des environs de Paris annonçait avoir obtenu en quatorze mois le développement complet et la fructification du bananier de la Chine. Nous ignorons s'il a pu renouveler avec succès la même expérience, mais nous doutons que cette musacée devienne, sous notre climat, l'objet d'une exploitation avantageuse, tant qu'on n'aura pas importé une variété plus hâtive et moins rebelle à nouer ses fruits.

Comme on le pense bien, l'essai de la culture du bananier nain a été fait à Alger. En juillet 1849, il en existait 360 pieds au jardin d'acclimatation. Il est impossible, nous écrivait-on, de rien voir de plus florissant que cette plantation, et cependant nous ne pouvons pas obtenir de voir nouer les fruits ; ils tombent invariablement après la floraison, soit par suite de la fraîcheur des nuits, soit par l'effet du brouillard qui s'élève de la mer et que le vent promène fréquemment sur le jardin, soit enfin par toute autre cause. Il y aurait encore de longs essais à faire pour tirer de cette plante tout le parti qu'on serait en droit d'en attendre ; mais nous pensons qu'on n'obtiendra rien de positif avant d'avoir étudié attentivement, dans les contrées où elle est indigène, les conditions de terrain, d'exposition et de climat qui lui conviennent pour en faire une plante réellement utile.

9. — *Mangou.* — Nous rangerons encore parmi les productions importantes de la Chine les *Mangous* ou *Mangiers* (*Mangifera indica*), arbres de la famille des Térébinthacées, et qu'il importe de ne pas confondre avec les *Mangoustans* (*Garcinia Mangostana*), qui ne sont peut-être pas cultivés à la Chine. Le nom d'*Indica* donné au Mangou par les botanistes indique sa patrie primitive ; c'est un arbre de l'Inde, mais qui, de même que beaucoup d'autres, a pu passer dans des régions moins chaudes, où, par le secours de l'homme, il brave les intempéries des saisons. Ses fruits sont aussi estimés dans le midi de la Chine que ceux du pêcher dans l'Europe centrale et tempérée. Plusieurs missionnaires, entre

autres M. l'abbé Voisin, nous ont même assuré que leur saveur était bien supérieure à celle de nos meilleures pêches.

Indépendamment de ces fruits, le Mangou donne des produits secondaires qui ne sont pas sans utilité au point de vue médicinal. Son écorce, particulièrement celle de la racine, renferme un principe aromatique et amer, employé avec le plus grand succès par les médecins européens de l'Inde contre les maladies qui dépendent du relâchement des membranes muqueuses, maladies si fréquentes dans les climats chauds ; les jeunes feuilles sont estimées comme pectorales, les vieilles employées comme dentifrice ; enfin une résine particulière, qui découle de la tige de l'arbre, est, dit-on, un antisiphylitique éprouvé.

Nous n'avons pas de documents attestant d'une manière positive que le Mangoustan (*Garcinia mangostana*) soit cultivé en Chine comme le Mangier, qui est presque du même pays ; toutefois nous aurions peine à croire que le plus célèbre de tous les arbres fruitiers de l'Inde, et pour mieux dire du monde entier, n'ait pas été transporté et acclimaté dans la Chine, même depuis une haute antiquité. Sans faire ici l'éloge de ces fruits, suffisamment connus des personnes qui ont habité entre les tropiques, nous émettons l'idée que si le Mangoustan est acclimaté en Chine depuis longtemps, il a dû s'y former des races plus rustiques que celles qui existent aujourd'hui dans l'Inde, plus capables par conséquent de s'avancer vers le nord. Dans tous les cas, rappelons ce fait capital en arboriculture, que le palissage des arbres sur un mur tourné au midi produit l'équivalent d'une avance de sept degrés vers le sud, et que nombre d'arbres à fruits de l'Inde, des Antilles et de l'Amérique méridionale, qui ne réussiraient pas en plein air dans le midi de l'Espagne ou le nord de l'Algérie, y fructifieraient abondamment s'ils y étaient soumis à la taille et au palissage qu'on applique dans le nord de la France et en Angleterre à quelques arbres fruitiers. C'est à l'aide de ces deux procédés qu'on obtient, presque sous le 49e degré, les admirables pêches de Montreuil, supérieures peut-être pour le volume, la beauté et la qualité, à tout ce que produit la Perse, patrie primitive du pêcher.

Si nous ne craignions pas de trop nous écarter du but de cette publication, nous nous arrêterions ici un instant pour essayer de peindre le bel avenir réservé à l'horticulture algérienne, dès qu'elle aura introduit chez elle ces innombrables races d'arbres fruitiers originaires des tropiques, et qu'elle aura trouvé dans les cités populeuses de la France, de l'Angleterre et de l'Allemagne, un immense débouché pour ses produits.

Nous ne nous étendrons point davantage au sujet de la pomiculture chinoise ; un grand nombre d'autres espèces mériteraient assurément d'être signalées à l'attention des économistes et des agronomes ; mais, ne nous étant point proposé d'écrire un livre technique, le peu que nous avons réuni dans ces quelques pages suffira pour donner un aperçu du jardinage chinois, et faire comprendre combien l'horticulture européenne serait intéressée à ce que quelques hommes pratiques allassent observer de près celle de la Chine, qui leur offrirait à exploiter une mine inépuisable d'observations et de richesses.

IV.

Plantes industrielles et Bois de construction.

PLANTES INDUSTRIELLES. — A part quelques espèces d'une importance capitale pour les arts et pour l'industrie chinoise, nous savons fort peu de chose des nombreuses plantes industrielles sur lesquelles les missionnaires appelaient déjà notre attention au commencement du siècle dernier. Plusieurs d'entr'elles, telles que l'arbre à cire, l'arbre au suif, l'arbre au vernis, etc., mériteraient peut-être qu'on recueillît à leur égard des renseignements plus précis que ceux que l'on possède ; mais dans l'état actuel des choses, nous devrons nous borner à parler des végétaux qui nous sont le mieux connus.

1. — *Mûriers et autres arbres servant à nourrir des vers fileurs.* — Le mûrier, base de cette grand industrie séricicole créée par les Chinois, occupe assurément le premier rang parmi leurs plantes industrielles ; mais, après les nombreux et intéressants Mémoires qu'ont écrit sur le mûrier MM. Robinet

et Camille Bauvais; après, surtout, le beau travail publié en 1837 par M. Stanislas Julien, sous le titre de : *Résumé des principaux Traités chinois sur la culture des mûriers et l'éducation des vers à soie*, ce serait une témérité à nous d'aborder ce sujet.

Toutefois nous croyons pouvoir constater que si, grâce aux efforts de ces hommes spéciaux qui ont consacré tous leurs soins au perfectionnement de la sériciculture, cette industrie paraît être arrivée chez nous depuis quelques années à un point tel, que l'on ait désormais peu de chose à emprunter aux Chinois, c'est surtout par l'étude approfondie de leurs méthodes et de leurs minutieuses pratiques que l'on est parvenu à rivaliser avec eux, après être si longtemps demeuré en arrière (1).

L'importance de ce résultat et la manière dont on l'a obtenu, nous conduiront tout naturellement à

(1) M. Camille Beauvais pense même que nous sommes loin de posséder encore l'habileté des Chinois en matière de sériciculture. Voici quelques phrases extraites de son introduction à l'ouvrage traduit par M. Stanislas Julien ; introduction que le ministre de l'agriculture et du commerce l'avait chargé de rédiger :

« . . . . Quelle que soit l'opinion des éleveurs et des savants qui liront cette publication, je crois qu'elle restera toujours comme un témoignage de la supériorité des Chinois dans tous les détails pratiques qui embrassent la vie des vers à soie, et des résultats surprenants auxquels ils sont parvenus.

éveiller l'attention sur un complément de l'art sérigène proprement dit, auquel les Chinois attachent un grand prix, et qu'on n'a pas encore suffisamment étudié en Europe.

Nous voulons parler de trois espèces de vers dont les cocons sont utilisés en Chine depuis la plus haute antiquité, et qu'on laisse cependant vivre à l'état sauvage, comme les chenilles ordinaires, sans autre soin que celui de conserver les œufs et de déposer les jeunes larves sur les arbres qui doivent les nourrir.

Ces vers sont fort distincts de l'espèce domestique; ils en diffèrent par la forme, les couleurs et les proportions, aussi bien que par les habitudes et les produits. C'est au Père d'Incarville, missionnaire jésuite, et habile observateur, que nous en devons la première connaissance. Sa note à ce sujet, publiée dans la collection des mémoires des missionnaires de Pé-king, date de l'année 1777, époque où la sériciculture commençait à peine à se faire jour en Europe, et où l'on ne pouvait donner par

« . . . . J'ajouterai un dernier fait pour donner en peu de mots une idée de la supériorité incontestable des méthodes des Chinois sur celles des Européens. C'est qu'*ils perdent à peine un ver à soie sur cent*, tandis que *chez nous la mortalité dépasse de beaucoup cinquante pour cent*. »

conséquent qu'une médiocre attention à cette découverte ; mais depuis que l'éducation des vers à soie est devenue chez nous une grande industrie, les agronomes, les savants se sont préoccupés de ces nouvelles races, et, lors de la dernière ambassade, envoyée en Chine sous la direction de M. de Lagrenée, il fut recommandé d'une manière toute particulière aux membres de la commission scientifique de prendre à ce sujet de nouveaux renseignements, et de faire parvenir en France des graines de ces vers avec les plantes nécessaires à leur alimentation.

La commission aura sans doute été dans l'impossibilité de se procurer des races qui ne se rencontrent point au voisinage de la côte, car nous ne sommes guère plus avancés aujourd'hui à l'égard des vers sauvages que nous ne l'étions au temps du P. d'Incarville ; c'est à peine si l'on sait à quel genre appartiennent ces trois espèces dans la famille des lépidoptères, et il règne encore plus d'obscurité sur la détermination des espèces végétales qui servent à leur nourriture.

Nous n'entreprendrons pas de rapporter ici tout au long le mémoire du P. d'Incarville. Il occuperait trop de place, et d'ailleurs on pourra le lire dans la collection des mémoires que nous citions plus haut (1), ou dans le livre de M. Stanislas Julien, qui en reproduit la partie la plus intéressante; nous croyons cependant que ceux de nos lecteurs qui n'auraient point ces deux ouvrages sous les yeux nous sauront gré d'en extraire quelques passages pour leur donner une idée des vers sauvages, et leur faire pressentir les avantages à retirer de leur importation en France. Nous y joindrons les nouveaux documents fournis tout récemment par un missionnaire du Puy en Velay, qui habitait la Chine depuis douze ans, et qui avait étudié avec un grand soin l'une des trois espèces décrites par le P. d'Incarville.

Commençons par donner quelques fragments de l'analyse de ce dernier mémoire, telle que nous la trouvons dans la collection mentionnée plus haut.

« On compte, dit le P. d'Incarville, trois espèces de vers à soie sauvages, savoir ceux de *Fagara* ou poivrier de la Chine, ceux de frêne et ceux de chêne. Avant d'entrer dans aucun détail, il est essentiel de bien faire connaître ces trois arbres. »

« Nous avons appelé *Fagara* le poivrier de la Chine, d'après le P. d'Incarville, ajoutent les éditeurs du mémoire de ce savant jésuite. Il paraît en effet lui ressembler, mais nous doutons que ce soit la

(1) *Mém. des Missionnaires de Pé-King*, tome II, page 575.

même espèce (1). Comme cet arbre est d'une culture aisée et très-commun dans la province de Canton, où abordent nos vaisseaux, il serait facile d'en porter quelques pieds en France ; outre que les graines et surtout leurs coques peuvent tenir lieu de poivre, ce qui serait un objet important pour le royaume, les vers à soie de cet arbre sont ceux qui donnent la plus belle soie et en plus grande quantité. Sur la manière dont M. Duhamel, cet illustre zélateur du bien public, a parlé du Fagara, il nous paraîtrait fort douteux que celui de Chine pût réussir dans les provinces septentrionales du royaume ; mais nous sommes persuadés qu'il réussirait très-bien dans la Provence, en Languedoc et dans le Roussillon (2).

. . . .

« On distingue en Chine deux espèces de frêne, savoir le *Tchéou-tchun* et le *Hiang-tchun*. Le *Tchéou-tchun* est le même que le nôtre, et c'est ce-

(1) Selon toutes les probabilités, ce poivrier est un *Xanthoxylum* (*Fagara* de Lamarck) ; dans la plupart des régions chaudes où ces plantes sont indigènes, on leur donne le nom de *Poivriers*, bien qu'elles diffèrent essentiellement des vraies Pipéracées qui fournissent le poivre du commerce.

(2) Nous pouvons ajouter aujourd'hui que l'Algérie offrirait de toutes manières infiniment plus de chances de succès.

lui sur lequel on nourrit les vers à soie sauvages. Le *Hiang-tchun* est fort différent du premier par sa fleur, sa graine et surtout son odeur, comme on le verra dans la notice que nous en envoyons. Nos modernes se sont peut-être trop pressés de se moquer de ce que Pline le naturaliste a dit du frêne (1); nous ne serions pas surpris que le *Hiang-tchun* le justifiât complètement. Le compas de l'Europe n'est pas encore assez grand pour mesurer l'univers. Que de mondes dans le monde des plantes et des arbres! Celui de Chine, qui est immense, ne sera peut-être pas connu en Occident de bien des siècles.

« Le chêne dont on nourrit une espèce de vers sauvages est, si nous ne nous trompons, celui que nos botanistes nomment *Quercus orientalis Castaneæ folio, glande reconditâ in capsulâ crassâ et squamerosâ.*

« Les vers à soie sauvages du fagara et du frêne sont les mêmes et s'élèvent de la même façon. Ceux de chêne sont différents et demandent à être gouvernés un peu différemment.

(1) Pline raconte dans son *Histoire naturelle*, que les habitants de l'île de Cos filaient la soie des chenilles du *Terébinthe*, du *Chêne* et du *Cyprès*, pour en fabriquer des étoffes, regardées comme très-précieuses, à une époque où le ver à soie de la Chine n'était pas encore connu en Europe.

« La grande et essentielle différence entre les vers à soie du mûrier et les vers à soie sauvages, c'est que le créateur s'est plu à donner à ces derniers un génie de liberté et d'indépendance absolument indomptable ; le flegme, le sangfroid et l'industrie chinoise y ont échoué : il serait donc inutile de vouloir risquer de nouvelles tentatives. »

. . . .

« Le papillon de ces vers sauvages, dit le père d'Incarville, est à ailes vitrées, de la cinquième classe des Phalènes, selon le système de M. de Réaumur. Il porte ses ailes parallèles au plan de sa position, et laisse son corps entièrement à découvert; il ne les a guère plus étendues quand il vole que lorsqu'il est posé. Ce papillon a à peine ses ailes séchées qu'il cherche à en faire usage et à s'enfuir. »

. . . .

« La nature apprend à ces petits vers à gagner vite les feuilles de l'arbre qui doit les nourrir, et à s'y réunir dans le même canton sur différentes feuilles, comme pour y faire corps et effrayer leurs ennemis par leur nombre. Ils ont même l'attention de se loger sous l'envers des feuilles, où ils se tiennent accrochés à merveille, et où il est plus difficile de venir les attaquer. A peine se sont-ils séchés et accoutumés à l'impression de l'air, qu'ils se mettent à manger de bon appétit et attaquent les feuilles du fagara ou du frêne par les bords, les entament et les broutent sans presque se reposer. « Le premier jour, précisément, que j'avais porté mes vers nouveau-nés sur l'arbre, dit le père d'Incarville, il survint tout-à-coup une grande pluie qui me donna beaucoup d'inquiétude pour leur vie. Je crus que c'en était fait d'eux, et qu'aucun n'aurait résisté aux torrents d'eau qui étaient tombés. Dès que l'orage fut passé, j'allai voir si j'en trouverais encore quelqu'un. Je les trouvai qui mangeaient de grand appétit et avaient déjà sensiblement grossi. »

« Les quatre mues étant passées, et elles s'opèrent, comme nous l'avons dit, de quatre jours en quatre jours, le ver à soie sauvage a presque toute sa crue; il est plus gros du double au moins que les vers à soie du mûrier. C'est une chenille de la première classe, selon le système de M. de Réaumur, elle est d'un vert mêlé de blanc, imparfaitement rase, à six tubercules sur chaque anneau. Les poils de ces tubercules sont chargés d'une espèce de poudre blanche. Après le dix-huitième jour ou le dix-neuvième, les vers à soie sauvages perdent tout appétit et passent successivement d'une morne apathie, ou d'un engourdissement, à des inquiétudes et une agitation très-vives. Ils courent çà et là, comme s'ils craignaient de se méprendre dans le choix qu'ils vont faire d'une feuille et d'un endroit pour filer leur cocon et préparer leur résurrection de l'année suivante. C'est ordinairement entre le dix-neuvième et le vingtième jour depuis leur naissance qu'ils commencent ce grand ouvrage. Soit pour avoir de quoi arrêter les premiers fils du tombeau qu'il va se bâtir, soit pour en augmenter l'épaisseur et la solidité, il recoquille une feuille en gondole et s'enferme dedans, sous la trame de la soie qu'il file, dont il finit par former un cocon de la grosseur d'un œuf de poule et presque aussi dur. Ce cocon a l'une de ses extrémités ouverte en forme d'entonnoir renversé; c'est un passage préparé pour le papillon qui doit en sortir. Avec le secours de la liqueur dont il est mouillé, et qu'il dirige vers cet endroit, les fils humectés cèdent à ses efforts, et il perce sa prison lorsque le temps en est venu.

« En rassemblant tout ce que nous venons de dire, il est évident que les vers à soie sauvages sont plus aisés à élever, à bien des égards, que les vers à soie de mûrier, et mériteraient peut-être d'attirer l'attention du ministère public, à qui seul il convient de décider s'il serait utile au royaume de procurer une nouvelle espèce de soie à celles de nos provinces où des essais faits avec soin auraient prouvé qu'on peut réussir à les élever. Tout ce qu'il nous convient d'ajouter à ce que nous en avons dit, c'est que ces vers sont une source de richesses pour la Chine elle-même, quoiqu'on y recueille chaque année une si prodigieuse quantité de soie de vers de mûrier, qu'au dire d'un écrivain moderne, on pourrait en faire des montagnes. Il est vrai que la soie des vers sauvages n'est pas comparable à l'autre, et ne prend jamais solidement aucune teinture; mais, 1° elle coûte moins de soins, ou plutôt n'en coûte presque aucun dans les endroits où le climat est favorable aux vers sauvages, parce que tout ce qu'on risque en les négligeant, c'est d'avoir une récolte moins abondante; encore est-on maître de l'avoir plus grande en multipliant le nombre des arbres qu'on destine aux vers; 2° comme on ne dévide pas les cocons des vers sauvages, mais qu'on les file, ils dépensent moins de temps et de main-d'œuvre; 3° la soie qu'ils donnent est d'un beau gris de lin, dure le double de l'autre, au moins, et ne se tache pas aussi facilement; les taches même d'huile ou de graisse ne s'y étendent pas, et s'effacent très-aisément : les étoffes qu'on en fait se lavent comme le linge ; 4° la soie des vers sauvages, nourris sur des fagaras, est si belle dans certains endroits, que les étoffes qu'on en fait disputent de prix avec les plus belles soieries, quoiqu'elles soient unies et de simples droguets. Quand nous avons dit que cette soie ne se dévide point et ne prend point la teinture, c'est un fait que nous racontons. L'industrie européenne, aidée et éclairée par les élans du génie français, viendrait peut-être à bout de dévider les cocons des vers à soie sauvages et d'en teindre la soie (1). »

Comme nous donnerons un peu plus loin la note de M. Julien Bertrand sur les vers-à-soie sauvages du chêne, nous omettrons ici, pour abréger cette digression, ce que le Père d'Incarville dit de leurs habitudes, et de la manière de les élever. Nous rappellerons seulement que, d'après ce missionnaire, leur soie est moins estimée que celle des vers de fagara et de frêne. C'est avec celle des vers du fagara qu'on fait l'étoffe nommée par les Chinois *Siao-kien*,

(1) En effet, depuis le temps où le Père d'Incarville écrivait son mémoire, l'art de la teinture, perfectionné par les découvertes modernes de la chimie, est en quelque sorte renouvelé.

qui est très-belle, très-fine, d'un user admirable, et par cela même fort chère. On confectionne le *Siao-kien* avec la soie des vers du fresne, et le *Ta-kien* avec celle des chenilles du chêne. Si nos marchands, ajoute le missionnaire, voulaient acheter à Canton ces trois espèces de droguet, il faudrait qu'ils s'adressassent à un homme affidé, car on fait des droguets de filoselle, et il est facile d'en imposer à un étranger. »

Nous extrayons des *Annales forestières* (1) la note suivante que M. Julien Bertrand, missionnaire apostolique en Chine où il habite depuis plus de quinze ans, adressait, il y a quelques années, à l'un de ses confrères. Cette lettre donne des détails fort curieux sur l'espèce de vers sauvages du chêne mentionnée déjà par le Père d'Incarville, dont le Mémoire sur le même sujet semble lui être inconnu. M. Julien Bertrand nomme ces chenilles *vers querciens*, du nom de l'arbre sur lequel elles vivent. Il est à regretter qu'il se soit borné à nous envoyer ses observations, excellentes d'ailleurs, sans y joindre des échantillons de l'arbre et de ses fruits, afin de nous le faire exactement connaître ; c'eut été d'au-

(1) *Annales forestières*, t. II, 1843, p. 644.

tant plus utile que les espèces du genre *Chêne* sont très-nombreuses et très-difficiles à déterminer.

Thong-kin-fou, 19 juillet 1842.

« Je crois vous avoir dit, il y a quelques années, qu'il se trouve ici une espèce de vers-à-soie sauvages qui se nourrissent de la feuille de chêne, vers auxquels le gouvernement français semble attacher un grand intérêt. Je pense que vous serez bien aise d'en avoir une notion. Je regrette de n'être pas un peu naturaliste pour vous parler dignement d'une matière si importante.

« Ces vers se trouvent dans les départements les plus montagneux du Koui-tchéou et aussi dans quelques départements du Sse-tchouen, tels que Ki-kiang, San-Tchouen et Pa-hien; quoiqu'on les transporte et les élève avec avantage dans divers lieux, on peut dire cependant que leur patrie favorite est dans le Koui-tchéou, sur les plus hautes montagnes, où l'air est plus pur et plus frais que partout ailleurs. Vous serez étonné sans doute que ces vers se développent avec plus de succès sur les montagnes que dans la plaine, où le climat est plus doux, vu que les vers du mûrier réussissent mieux dans les pays chauds que dans les pays froids. M. Hébert, délégué de France en Chine, m'en a témoigné sa surprise. Cela est vrai pourtant, et confirmé par la longue expérience des Chinois, et en même temps par les produits de ces vers, qui sont plus abondants sur les hautes montagnes qu'ailleurs, car, sur les hautes montagnes, on fait deux récoltes de soie par an, tandis que, dans les endroits bas, on n'en fait qu'une, bien inférieure à la première qui a lieu dans les régions élevées. C'est une preuve évidente qu'il faut aux vers *querciens* une température plutôt froide que chaude. . . . .

« L'éducation des vers *querciens* est tout à fait différente de celles des vers *mûristes*. Les vers querciens sont élevés sur les arbres, non dans les maisons. Dès qu'ils sont nés, on les porte à la montagne, et on les met sur les arbres. Si on voulait les élever à la maison, en leur distribuant des feuilles de chêne, comme on distribue des feuilles de mûrier aux vers mûristes, ils ne mangeraient pas et mourraient de suite; ils veulent manger sur l'arbre et se choisir eux-mêmes les feuilles selon leur goût. Les chênes sur lesquels on élève les vers querciens ne requièrent aucune culture particulière; ils sont dans leur état naturel. Avant d'aller plus loin, je dois vous faire ici quelques observations sur les chênes. En

Chine, on distingue deux espèces de chêne, l'une appelée *Tsin-kan*, l'autre *Fou-li*: ces deux espèces sont très-peu différentes; il faut les examiner de bien près pour les distinguer. La seule différence consiste dans les feuilles et la dureté du bois; le tsin-kan est plus dur que le fou-li; ses feuilles sont longues et dentelées; elles ressemblent un peu à celles du châtaignier; le fou-li a les feuilles plus courtes et plus larges : à ma manière de voir, c'est l'espèce de chêne qui se trouve en France, au moins dans le Velay, car, dans les autres provinces, je n'ai pas examiné les chênes. Quoique les vers querciens mangent les feuilles de l'un et de l'autre, ils préfèrent pourtant le tsin-kan au fou-li. Ici on ne laisse pas vieillir les chênes; tous les huit ou neuf ans on les coupe à raz-de-terre; de leurs racines pullulent des rejetons que l'on coupe de nouveau au bout de huit ou neuf ans; ainsi toutes les forêts de chênes ne sont que de simples taillis. Ici, toutes les montagnes sont couvertes de ces arbres.

« Au bout de dix à onze jours, on voit remuer, dans le panier où les papillons querciens ont déposé leurs œufs, des milliers de petites chenilles noires, qu'on se hâte de transporter sur la montagne et de placer sur les arbres dont les feuilles ne sont qu'à demi-formées, car c'est à la fin de mars ou au commencement d'avril. Une fois sur les arbres, on les y laisse et le jour et la nuit, qu'il pleuve ou qu'il vente. Il n'est pas nécessaire de les garder pendant la nuit; pendant le jour, il suffit qu'une personne se tienne tout près pour épouvanter les oiseaux, et pour aider les vers à émigrer d'un arbre à l'autre et relever ceux qu'un coup de vent ou un autre accident aurait fait tomber à terre.

« Les chenilles querciennes changent quatre fois de couleur; d'abord elles sont noires, plus tard elles deviennent violettes, quelque temps après elles sont jaunes, et arrivent en dernier lieu à un violet qui approche du noir; le temps requis pour atteindre leur quatrième et dernière période est de quarante à cinquante jours, et alors elles sont grosses comme le petit doigt d'un homme ordinaire. Ces vers querciens sont doués d'un instinct particulier pour se précautionner contre les injures du temps : s'il pleut, ils se placent au revers de la feuille; si le vent est froid, ils savent aussi se mettre sur le côté de la feuille qui n'est pas exposé au vent. En 1840, vers la fin de mars, je me trouvais dans une chrétienté où l'on élève beaucoup de vers querciens; le 28, les vers récemment éclos étaient sur les arbres; le 30, il tomba de la neige ; les trois jours qui suivirent, le froid était si piquant, qu'à la maison on ne pouvait quitter le feu. Alors je me mis à dire aux chrétiens : Cette fois-ci, je crois bien que vos vers-à-soie vont tous mourir. — Oh ! non, répondirent-ils, ils sont un peu engourdis, il est vrai, par le froid, mais ils ne mourront point. Et en effet, ils ne moururent point, car le 3 avril, en passant moi-même par l'endroit où les vers étaient sur les arbres, je les vis manger de très-bon appétit.

« Après avoir mangé des feuilles pendant quarante à cinquante jours, ils se mettent à ourdir leur cocon dont la longueur a plus d'un pouce, et dont la grosseur est celle d'une noix ordinaire. Comme il y a toujours des vers plus vigoureux que les autres, il se présente aussi des cocons d'une taille plus forte que le reste ; ils ourdissent leur cocon sur une feuille qu'ils roulent en cornet, et si une seule ne suffit pas, ils en rapprochent une seconde. C'est là-dedans qu'ils font leur précieux ouvrage ; ils commencent par ourdir le dehors du cocon dans lequel il s'enferment et travaillent, et puis ils le terminent en dedans, ce qui ne demande pas plus de trois jours. Ce cocon est de couleur jaune tirant un peu sur le blanc. L'époque de la récolte des cocons varie selon la différence des climats ; ainsi dans la plaine et sur les montagnes peu élevées, on recueille les cocons vers le 20 et 24 mai ou quelques jours plus tard, tandis que, sur les montagnes du Koui-tchéou, ce n'est que du 15 au 30 juin. Sur les montagnes, la végétation étant plus tardive, les vers-à-soie sont aussi plus tardifs à sortir.

« Dans les pays montagneux du Koui-tchéou, et même dans les endroits du Sse-tchouen, on ne fait pas mourir tous les cocons, on en réserve une petite quantité pour commencer de suite une nouvelle éducation. Dans les pays moins élevés, on se contente d'une seule récolte, parce que la seconde ne compenserait pas le travail et la peine, à cause des chaleurs de juillet et d'août qui feraient mourir presque tous les vers.

« Sur les hautes montagnes, où les nuits sont toujours fraîches et la chaleur tempérée par le souffle des vents, et où les insectes ennemis sont rares, les vers querciens se développent avec la même vigueur que la première fois ; cette seconde récolte se fait vers le 1er octobre.

« La soie quercienne, quoique inférieure à celle des vers de mûrier, ne laisse pas que d'être très-belle et très-solide. Lorsqu'elle est tissée, elle donne une toile très-fraîche. Je crois qu'en France on tirerait un très-grand parti de cette soie. Ce n'est donc pas sans raison que le gouvernement français attache un grand prix à l'acquisition de cette race de vers-à-soie, et désire ardemment pouvoir la transporter en France. »

Cette lettre intéressante nous dispense de tout commentaire sur l'importance de l'introduction des vers querciens dans notre pays. On conçoit tout d'abord le parti que l'on pourrait tirer de ces taillis de chênes qui couvrent tant de milliers d'hectares, et dont les feuilles sont complètement perdues pour l'industrie agricole. Il nous semble probable que ces vers vivraient sur quelques-uns de nos chênes indigènes, car on sait que tous les arbres de ce genre contiennent à peu de chose près les mêmes principes immédiats, et il semble même que l'analogie du chêne de la Chine dont il est fait mention dans cette lettre avec ceux qui croissent en France, soit fort grande, puisque le missionnaire le confond avec un de ceux qu'il a observés dans son pays.

L'importation des vers querciens, soit à l'état d'œufs, soit à l'état de chrysalide, ne saurait présenter de difficulté sérieuse, maintenant que le service des bateaux à vapeur permet de venir de Chine en cinquante-deux jours ; mais il ne suffirait point d'importer en France le ver et la plante qui le nourrit, il faudrait y importer en même temps les procédés de dévidage employés en Chine. Malgré tout le génie de nos industriels, ce point peut offrir des difficultés, et, avec l'impatience française, il n'en faut quelquefois pas d'avantage pour rebuter les expérimentateurs. C'est ainsi qu'on a, plusieurs fois, essayé de tirer parti des volumineux cocons de la chenille du grand Paon de nuit (*Bombyx pavonia major*) et qu'on a toujours échoué, faute de pouvoir débarasser les fils du cocon de la matière gommeuse qui les tient agglutinés. Une difficulté du même genre n'aurait qu'à se présenter avec les cocons des vers du chêne, et ce serait assez pour arrêter les expériences ; on voit donc qu'on s'exposerait à bien des mécomptes si l'on n'était pas au courant des méthodes employées par les Chinois.

Quoiqu'il en soit, nous n'en persistons pas moins à croire que l'introduction en Europe de ces trois nouvelles espèces de vers serait d'une utilité incontestable, peut-être d'une importance majeure pour la prospérité de certaines classes de la population et de certaines régions jusqu'ici peu productives.

2. — *Cotonniers.* — On s'étonnera peut-être que nous indiquions les cotonniers comme des plantes dignes de fixer l'attention du voyageur en Chine, quand nos colonies, l'Égypte, l'Inde, et surtout l'Amérique, nous envoient de si prodigieuses quantités de cotons. Mais nous devrons répéter ici ce que nous avons déjà dit en parlant des autres espèces végétales, que souvent la découverte d'une variété nouvelle plus productive, plus robuste, ou d'une qualité supérieure, suffit pour créer une industrie là où elle n'existait pas, comme à la modifier utilement dans les lieux où elle existait depuis longtemps. N'oublions pas d'ailleurs que l'Algérie est appelée à nous fournir des produits pour lesquels nous sommes aujourd'hui tributaires de l'étranger, et que le coton, d'une importance commerciale si considérable aujourd'hui, est assurément de ce nombre. Sans doute la population agricole est encore trop faible en Algérie, les *petits bras* y sont encore trop peu nombreux, et par suite la main d'œuvre trop chère, pour que l'on songe dès à présent à y spéculer sur la production du coton. Mais il ne faudrait pas toujours compter sur l'Amérique pour alimenter nos filatures et nos fabriques. L'Amérique comprend qu'elle aurait double bénéfice si, au lieu d'envoyer en Europe

ses cotons bruts, elle les y envoyait convertis en étoffes, et déjà la proposition de faire entrer les États-Unis dans cette voie nouvelle pour eux a été faite à l'une des dernières séances du congrès. Cet évènement s'accomplira quelque jour, et ce qui ne saurait manquer de s'accomplir aussi, c'est l'abolition de l'esclavage dans les États du sud de l'Union, c'est-à-dire la ruine de la production cotonnière dans l'Amérique du nord et l'augmentation immédiate des prix de cette denrée sur tous les marchés. Alors, le tour de notre colonie africaine pourra venir; elle alimentera nos fabriques elle-même, et nous débarrassera du lourd tribut que, sans cela, nous nous verrions obligés de payer aux colonies anglaises. Peut-être serions-nous obligés d'aller nous approvisionner jusque dans l'Inde, où, par les soins du gouvernement anglais, la culture du cotonnier atteint déjà un haut degré de prospérité.

3. — *Chanvre de Chine.* — Nous ne citons ici que pour mémoire cette plante qui mérite à tous égards d'être étudiée, et sur laquelle on sait peu de chose. Les Chinois appellent *Ma* 麻, le chanvre proprement dit, mais cette expression devient chez eux le nom générique d'un nombre considérable de plantes textiles, de même que nous avons vu

la dénomination *Teou* 豆 comprendre la plupart des légumes secs. En avril 1846, le Muséum a reçu de la Chine des graines de deux espèces de *Ma* ou plantes textiles. L'une de ces plantes, adressée sous le nom de *Tsing-ma*, n'a pas germé : d'après la structure des graines, elle a paru appartenir au genre *Corchorus*. L'autre au contraire a parfaitement réussi et a produit un chanvre (*Cannabis*) dont les tiges atteignaient à la fin de novembre la hauteur de trois à quatre mètres. Partout où on l'a cultivée, on a remarqué que ses feuilles sont plus longues et plus étroites que celles du chanvre d'Europe.

Le chanvre du Piémont s'élève également à une grande hauteur, mais ses tiges, très-grosses, produisent une filasse inférieure à celle du chanvre de Chine, dont les tiges, eu égard à leur hauteur, sont assez grêles, et doivent par conséquent produire des fibres plus délicates. La maturation des graines n'a eu lieu qu'en novembre ; celles qu'on a recueillies étaient du reste parfaitement conformées et ont bien levé l'année suivante. C'est une expérience qui demande à être continuée.

4. — *Orties textiles* (*Urtica nivea.* — *Urtica utilis*). — Il y a plus de deux siècles, la Hollande intro-

duisait déjà en Europe, tantôt à l'état brut, tantôt confectionnées en étoffes, les fibres de deux plantes textiles de la Chine et de l'Inde. Le peu d'avancement de la science à cette époque ne permettait pas encore aux botanistes de déterminer d'une manière rigoureuse la nature de ces plantes, mais on soupçonnait déjà qu'elles étaient analogues à nos orties. Ce n'est que sur la fin du dix-huitième siècle et au commencement de celui-ci, que les savantes recherches des botanistes qui ont visité l'Inde et la Chine nous ont appris qu'effectivement ces plantes appartenaient au genre *Urtica.* Dans ces dernières années seulement on s'est assuré que ces fibres sont dues à deux espèces distinctes, très-voisines, il est vrai, par leurs caractères botaniques, mais essentiellement différentes au point de vue de la qualité des produits (1). Nous possédons à cet égard quelques renseignements tout récents, qui trouveront naturellement leur place ici, et que sans doute on ne lira pas sans intérêt.

Dans le courant de l'année 1844, le Muséum a reçu de M. Leclancher, chirurgien à bord de *la Fa-*

(1) M. Stanislas Julien a présenté à l'académie des sciences, au sujet de l'*Urtica nivea*, un intéressant mémoire dont il avait extrait les documents de l'Encyclopédie chinoise.

vorite, sous les ordres de M. le capitaine Page, quelques rameaux des orties cultivées en Chine comme plantes textiles. Ces échantillons, soumis à l'examen de M. Decaisne, furent reconnus par ce savant botaniste pour appartenir aux deux espèces mentionnées ci-dessus, savoir l'*Urtica utilis* et l'*Urtica nivea*; toutes deux, présentent des feuilles dont la face intérieure est blanche, particularité qui a puissamment contribué à les faire confondre. M. Leclancher, croyant n'avoir affaire qu'à une seule espèce, avait mêlé ses échantillons et attribué, dans la note qui les accompagnait, les mêmes propriétés aux deux plantes, si importantes pourtant à distinguer, comme nous le verrons tout à l'heure. Ce fait, ainsi que beaucoup d'autres du même genre, prouve combien il faut porter d'attention dans l'examen des espèces ou des variétés de plantes cultivées, la plus légère erreur pouvant avoir les conséquences les plus graves pour l'industrie qui chercherait à en tirer parti.

Voici la note adressée par M. Leclancher avec les échantillons d'*Urtica utilis* qu'il avait recueillis à 120 kilomètres de l'embouchure du Yang-tse-kiang, en descendant de Nan-king : « Ortie cultivée en petits carrés dans les terrains voisins des rizières, sans cependant être secs. Chaque habitation en cultive pour son usage. On enlève les feuilles qui tiennent fort peu; on fait rouir, dans un baquet, des paquets de tiges, qui bientôt communiquent à l'eau une teinte brune; les femmes enlèvent la peau, que l'on fait rouir de nouveau pendant un temps que je ne connais pas (1), mais qui doit être fort court; puis, passant chaque lanière sur un instrument de fer ayant la forme d'une large gouge de charpentier, elles enlèvent la pellicule extérieure; la lanière fibreuse, d'un *blanc verdâtre*, est mise à sécher sur un bambou. Il est probable que, pour faire les tissus fins que l'on vend à Macao sous le nom de *grass-cloth* ou *lienzo*, cette espèce de chanvre est peignée. Le filage doit être fait avec les rouets en bambous qui servent aussi pour le coton. Sec, ce chanvre est d'un *blanc nacré*, très-beau et très-fort. La plante croîtrait fort bien sur le revers des fossés en France, aux environs de Cherbourg, et peut-être aussi dans le Midi. »

La lecture de cette note et l'examen attentif des plantes qui l'accompagnaient, rappelèrent alors à M. Decaisne certaines fibres végétales qui, à leur blancheur naturelle, alliaient une ténacité des plus

(1) Les procédés relatifs à cette main-d'œuvre sont maintenant expliqués par les traités chinois que nous possédons.

grandes, et dont le gouvernement hollandais se préoccupait beaucoup en 1844, en cherchant à propager dans ses possessions de l'archipel indien la culture d'une plante dont la filasse devait être employée à la confection des voiles, des cordages, des filets, etc.

Cette espèce, qui porte à Java le nom de *Ramie*, atteint jusqu'à 1m50 de hauteur; ses feuilles minces, portées sur de longs pétioles, rappellent celles de l'*Urtica nivea*; mais elles sont plus grandes, plus longuement acuminées, et plutôt grisâtres que blanches en dessous. La base des tiges est de la grosseur du petit doigt, et présente, sous ce rapport, de l'analogie avec celles du chanvre.

« Cette plante n'est point nouvelle, dit M. Decaisne (1), car tout me porte à croire que ses fibres ont été fort employées au XVIe siècle. Lobel, qui vivait sous Élisabeth, savait déjà qu'aux Indes, à Calicut, à Goa, etc., on fabriquait avec l'écorce de diverses orties des tissus très-fins destinés à être importés en Europe; que, dans les Pays-Bas surtout, on recevait cette substance en nature pour en fabriquer des étoffes préférées à celles de lin, puisqu'en effet le nom hollandais *Neteldoek*, donné au-

(1) *Journal d'agriculture pratique et de jardinage*, sous la direction du docteur Bixio, année 1884-45.

jourd'hui à la mousseline, dérive évidemment de *netel*, ortie, et de *doek*, étoffe, et s'applique à un tissu très-fin.

« Ainsi, à une époque où les toiles de Frise jouissaient d'une réputation européenne, on fabriquait en Hollande, et peut-être en Belgique, une sorte de batiste ou de mousseline avec les fibres d'une ortie ; et cette ortie paraît être le Ramie (*Urtica utilis*) et non l'*Urtica nivea*.

« J'ai souligné, ajoute le savant professeur auquel nous empruntons cette citation, les mots qui, dans la note de M. Leclancher, sont relatifs à la couleur des fibres, car pour moi il est évident que celles d'un *blanc verdâtre* appartiennent à l'*Urtica nivea*, tandis que les autres, d'un *blanc nacré*, sont produites par le Ramie (*Urtica utilis*). J'ai sous les yeux des écheveaux provenant des deux plantes, et leur aspect s'accorde avec ce qui est dit dans la note de M. Leclancher. La filasse du Ramie n'a rien de la raideur de l'*Urtica nivea*; elle est blanche, très-douce au toucher, et paraît tenir le milieu entre le lin et les fibres de plusieurs Daphnés si recherchés en Chine et au Japon.

« Les étoffes et les cordages fabriqués avec le Ramie semblent, quant à leur durée, supérieurs soit aux tissus de lin, soit aux cordages de chanvre. Du moins les indigènes des Moluques et des grandes îles de l'archipel indien accordent sans restriction la préférence au Ramie sur toute autre matière textile pour la fabrication de leurs filets, qui, suivant leurs remarques, résistent beaucoup plus longtemps que d'autres à l'action prolongée de l'humidité. »

Si maintenant nous nous en rapportons au récit des voyageurs botanistes qui ont visité les contrées où se cultive le Ramie, nous aurons de nouvelles preuves en faveur de l'excellence de cette ortie comme plante textile. Ainsi M. Korthals nous apprend qu'à Sumatra les habitants se tissent avec l'*Urtica utilis* une étoffe recommandable par sa durée, mais dont l'usage diminue chaque jour à cause du bas prix auquel les indigènes parviennent à se procurer maintenant les tissus de coton des fabriques anglaises.

Crawfurd (1) et Raffles (2) ont eu de leur côté l'occasion d'apprécier les excellentes qualités du Ramie. « Les naturels de Java, disent-ils, préfèrent les fibres de cette ortie à celles de toute autre

(1) John Crawfurd. *History of the Indian archipelago*, etc., *containing an account of the manners, arts*, etc., vol. I.

(2) *The history of Java*, by Thom. Stamford Raffles, vol. I pag. 37.

espèce pour la fabrication de leurs filets, de leurs cordages, etc. Ils en fabriquent pareillement des étoffes d'une extrême finesse. Le célèbre Rumphius, qui la considérait comme une acquisition précieuse pour les colonies de la Hollande, l'introduisit lui-même à l'île d'Amboine, où elle n'existait pas, vers l'an 1690. »

Le Ramie n'échappa point aux investigations de notre compatriote Leschenault. Il en existe au Muséum des échantillons recueillis par ce naturaliste, et qui portent pour étiquette : *Urtica tenacissima ; produisant d'excellente filasse.*

On doit à Roxburgh, directeur du jardin de naturalisation de Calcutta avant le docteur Wallich, d'intéressantes expériences sur la tenacité relative des fibres de quelques plantes textiles de l'Inde et de l'Europe, parmi lesquelles figure le Ramie, que ce botaniste nomme, ainsi que Leschenault, *Urtica tenacissima*, et qu'il distingue fort bien de l'*Urtica nivea*. Ces expériences comparatives ont eu pour résultat de placer le Ramie immédiatement après le *Marsdenia tenacissima* et avant le *Crotalaria juncea*, le chanvre et le lin. Aussi, malgré la difficulté de débarrasser la filasse de quelques molécules d'une matière particulière qui lui sont adhérentes, Roxburgh n'hésite pas à préconiser l'usage du Ramie, et désire voir cette plante *remplacer partout le chanvre et le lin.*

Lorsque des hommes comme Crawfurd, Marsden, Raffles, Roxburgh, Leschenault, Decaisne, et d'autres encore que nous avons passés sous silence, sont si unamimes à proclamer l'excellence du Ramie et sa supériorité sur les espèces textiles cultivées jusqu'ici en Europe, serait-ce de la témérité que d'appeler la plus sérieuse attention des gouvernements sur cette plante, et n'a-t-on pas lieu de croire que son introduction dans notre continent, en y créant une nouvelle culture, serait la source de nouvelles richesses pour le commerce et l'industrie?

Toute la question est de savoir si son importation est possible en Europe. Or ceci est à présumer, puisque M. Leclancher, comme nous l'avons dit plus haut, l'a rencontrée à une petite distance de Nan-king, ville dont le climat représente assez bien, pour la somme de température, celui du midi de la France, du nord de l'Espagne et de l'Italie. Dans tous les cas, nous aurions la Guyane et notre colonie d'Alger, où les marais de diverses localités, et en particulier ceux qui avoisinent La Calle, semblent offrir toutes les conditions favorables à la culture du Ramie. Quant à l'*Urtica nivea*, dont nous n'avons pas parlé à cause de son infériorité, elle appartient à des climats plus tempérés, ainsi que le prouve son beau développement au jardin des Plantes de Paris.

En terminant cette notice, dont l'importance du sujet explique et doit faire excuser la longueur, qu'on nous permette de citer encore les expériences faites récemment en Hollande, sous la direction du docteur Blume et par l'ordre du gouvernement. Nous en extrayons le récit du rapport présenté par la commission chargée de l'examen de la filasse du Ramie (1). Ces expériences ont été faites de manière à inspirer toute confiance.

« Nous avons fait travailler avec un soin particulier, dit le rapporteur de la commission, de la filasse de Ramie brute, qui, avant d'être portée sur le séran, a été fortement brossée, afin d'en isoler davantage les fibres. Cette manipulation, opérée sur une grande masse, entraînerait peut-être une dépense considérable, mais il serait facile de la remplacer par des moyens plus expéditifs. Quoi qu'il en soit, nous avons obtenu de la somme de matière brute que nous avions entre les mains, une quantité de fibres

(1) *Indische Bijdrage*, van C. H. Blume.

supérieure à celle que donnerait une pareille proportion du meilleur lin. Ces fibres étaient d'une finesse telle, que nous avons pu en faire facilement filer sur un rouet à marchepied, et d'après une évaluation approchée, 12 poignées, qui ont suffi pour fabriquer 1 m. 80 de toile, de la valeur de 1 fr. 50.

« La ténacité de ces fibres nous a permis d'en faire filer sur une largeur de 55 mètres, sans pelotonner. Un fil ténu de 9,300 mètres nous a été fourni par 500 grammes de filasse. Nous avons obtenu de la même quantité une corde torse de 3,000 mètres. On arriverait probablement à une plus grande finesse si on parvenait à débarrasser les fibres de la substance résineuse qui semble y adhérer.

« Afin de comparer la force de ces fibres avec celles du chanvre, nous avons fait fabriquer du fil léger pour filets de harengs (deux fils); mais l'ouvrier, à cause de la finesse de la matière, a filé beaucoup trop légèrement, de sorte que les 432 mètres auraient à peine pesé 1 kil. 50 au lieu de 2 kil. 30, comme il aurait fallu. La force moyenne de ce fil, calculée par analogie avec ce dernier poids, nous a prouvé qu'à l'état sec il se romprait sous un poids de 21 kilogr., et mouillé, par un peu plus de 25 kilogr. Ainsi, le fil de Ramie, lorsqu'il est sec, égalerait en tenacité le meilleur chanvre, et le surpasserait s'il était mouillé; enfin sa puissance d'extension dépasse de 50 pour 100 celle du meilleur lin. Le fil employé dans nos expériences était trop tordu; des essais ultérieurs conduiront, nous n'en doutons pas, à des résultats plus satisfaisants encore. Nous devons ajouter que les cordes se nouent facilement, ce qui nous permet d'espérer que les toiles fabriquées avec le Ramie offriront tous les avantages de celles qu'on obtient du chanvre ou du lin.

» Attendu que les filaments du Ramie, convenablement préparés, nous ont paru surpasser ceux du lin en beauté, et surtout en blancheur et en ténacité, nous croyons que cette plante textile, apportée sur les marchés d'Europe en quantité notable, trouverait un facile écoulement au prix de 60 à 80 centimes le demi-kilogramme (prix du meilleur lin), et qu'il résulterait de cette importation une nouvelle et importante branche de commerce pour la mère-patrie, ainsi que pour nos possessions des Indes-Orientales. »

5. *Bambou*. — Nous n'hésitons pas à regarder l'introduction du Bambou de la Chine dans le midi de l'Europe, et surtout en Algérie, comme une des acquisitions les plus importantes au point de vue

agricole. Ce gigantesque roseau, dont la croissance est si rapide, peut, jusqu'à un certain point, remplacer le bois, si rare, si coûteux et pourtant si indispensable aux besoins de la colonisation naissante dans notre conquête africaine. Indépendamment de l'emploi qu'on en peut faire pour la construction des maisons, il se plie à mille usages domestiques, dont un correspondant du *Gardeners' Chronicle* donnait au commencement de cette année une curieuse énumération (1).

Les Chinois se servent du bambou pour faire les coiffures de leurs soldats, des boucliers, des parasols, des semelles de soulier, des solives, des échafaudages de maisons en construction, des paniers, des cordages, du papier, des manches de plumes, des balais, des chaises, des éventails, des baguettes pour les treillis et autres opérations de jardinage. Avec les copeaux minces et élastiques que l'on enlève de leurs tiges, on fait des matelas et des coussins, comme avec les feuilles desséchées et préparées une sorte d'étoffe grossière, excellente pour mettre à l'abri de la pluie, et que l'on nomme dans le pays *To-y*, c'est-à-dire : *habit de feuilles*.

(1) *Gardeners' Chronicle*, 2 février 1850, p. 70.

Le bambou est encore employé aux usages de la pêche et de la marine : il sert à faire des voiles, des couvertures de bateaux, des lignes, des paniers à mettre le poisson, des bouées et des flottants à l'usage des pêcheurs, des catimaros ou radeaux insubmersibles aussi légers que solides. C'est surtout en agriculture qu'on lui trouve des emplois nombreux : ses longues tiges fistuleuses sont des tuyaux tout faits qui servent à conduire l'eau sur les terres ou dans l'intérieur des maisons. Ces mêmes tiges, coupées au-dessous du nœud, fournissent autant de seaux qui entrent, sans plus de préparation, dans la construction des norias et autres appareils hydrauliques si multipliés en Chine. Les charrues, les herses, et presque tous les outils agricoles se construisent en bambou. Les racines noueuses et dures de la plante, recherchées par les sculpteurs, se changent entre leurs mains en ornements d'une grande originalité ; les tiges elles-mêmes, quoique se prêtant moins à ce genre de travail, se couvrent encore de sculptures pittoresques, et se débitent en vases de toutes formes, en encensoirs pour les pagodes, en boîtes, etc. Les jeunes bambous, semblables à d'énormes asperges, constituent l'un des meilleurs légumes du Céleste-Empire ; on en fait même des confitures. Une substance particulière qui se dépose dans les articulations de la plante, et qu'on connaît dans l'Inde sous le nom de *tabashir,* jouit d'une grande réputation comme drogue médicinale. Dans les manufactures de thé, le bambou est employé à fabriquer les tablettes à rouler les feuilles, les paniers à les dessécher et les cribles. Enfin, et ce n'est pas là pour les Chinois le moindre de ses usages, le bambou fournit les petits bâtons qui leur tiennent lieu de cuiller et de fourchette.

On n'en finirait pas s'il fallait énumérer tous les avantages de ce bois d'une utilité universelle, recherché partout, dans l'intérieur des maisons comme dans les champs, sur l'eau comme sur terre, pendant la paix comme pendant la guerre. Toute sa vie, le Chinois dépend du bambou, et la mort ne l'affranchit même point de cette dépendance; on le porte au cimetière sur un brancard de bambou, et c'est encore le bambou qui, avec les ifs, les cèdres et les sapins, jette l'ombre de ses rameaux sur sa dernière demeure.

Sans doute le bambou ne saurait avoir pour nous l'importance qu'il a pour les Chinois, mais il est facile de comprendre quels services il rendrait aux colons de l'Algérie, auxquels il fournirait surtout des solives à la fois légères et résistantes, des tuyaux de conduite pour l'eau, et des seaux naturels pour la construction des machines hydrauliques, destinées aux irrigations dont la nécessité se fera sentir chaque jour d'avantage.

Thé.

Quelle que soit l'utilité des races végétales que nous voudrions voir emprunter à la Chine, il n'en est point à nos yeux qui puisse entrer en comparaison avec l'arbre à thé. On sait trop aujourd'hui l'importance commerciale qu'a prise cet arbrisseau pour qu'il soit nécessaire d'insister sur les avantages que l'Europe retirerait de sa culture, si elle y était possible, et de la préparation de sa feuille, si l'on savait s'approprier les procédés des Chinois.

Toute la question pour nous se réduit donc à celle-ci : La culture du thé est-elle possible en Europe ? Y donnerait-elle des bénéfices ; et les produits obtenus et manufacturés chez nous pourraient-ils faire concurrence à ceux que nous tirons de la Chine ? Nous allons essayer d'y répondre.

Nous commençons par établir qu'il n'existe à notre connaissance aucun fait qui puisse trancher la question soit affirmativement soit négativement ;

mais à défaut de ce fait décisif, il est des présomptions assez concluantes, qui permettent de regarder comme possible l'introduction du thé dans la culture européenne. Pour les apprécier, il est nécessaire de rappeler ce que nous avons dit plus haut du climat de la Chine comparativement à celui de nos contrées occidentales, car chez nous le succès est entièrement une affaire de climat, si l'on met de côté pour un moment la manipulation elle-même des feuilles du thé, opération importante sans doute, mais opération purement industrielle et provisoirement hors de cause.

Nous ne sommes point d'ailleurs les premiers à recommander en Europe la culture de l'arbre à thé. Depuis le succès complet des expériences entreprises au Brésil, nos hommes d'État ont voulu à leur tour doter la France de cette nouvelle branche d'exploitation agricole, et ils ont fait dans ce but de louables efforts. Il y a quelques années, le docteur Guillemin, aide-naturaliste au Muséum, fut envoyé par le gouverment au Brésil, avec la mission d'en rapporter l'arbre à thé, et d'étudier les procédés de fabrication importés dans ce pays par des ouvriers chinois que le gouvernement brésilien avait fait venir en même temps que les plants. C'est une justice à rendre à la mémoire de l'infortuné Guillemin, qu'une mort prématurée a enlevé à la science : il s'acquitta en conscience de la mission qui lui avait été confiée, et rapporta une grande quantité de plants et de graines de l'arbre à thé; malheureusement ce fut là tout le résultat de cette coûteuse expédition, et malgré l'engoûment qui accueillit la plante chinoise à son arrivée en France, c'est à peine s'il existe encore au jardin d'Angers quelques-uns des sujets rapportés par Guillemin.

C'est bien là, au reste, notre caractère national : enthousiasme irréfléchi pour tout ce qui est nouveau, mais nulle persévérance lorsqu'il faut nous livrer à des expérimentations un peu longues; nous nous rebutons aux moindres difficultés, et nous abandonnons une œuvre commencée avec autant de légèreté que nous en avons mis à l'entreprendre.

Quelle différence avec nos voisins d'Angleterre! Tandis que nous formions les plus beaux projets à propos de *thé français*, comme on disait alors, eux, sans bruit, sans théories, en faisaient d'immenses plantations, non pas il est vrai dans les vertes et humides prairies de la Grande-Bretagne, mais au pied de l'Himalaya, dans un pays riche en soleil, où l'arbuste pût développer et mûrir sa feuille. L'expérience était trop rationnelle pour ne pas réussir; aussi le succès a-t-il dépassé toutes les espérances, à tel point qu'on prévoit déjà l'époque où les thés anglo-hindous entreront en concurrence avec ceux de la Chine sur les marchés de l'Asie.

Nous ne saurions trop le répéter, la culture du thé, nous voulons dire la culture profitable, est avant tout une question de climat, ce à quoi nos planteurs n'ont pas assez songé, lorsqu'ils en ont peuplé leurs jardins et leurs parcs sous les froides latitudes de nos départements septentrionaux. Sans doute, l'arbuste n'a pas besoin du soleil des tropiques pour croître et donner ses produits; mais entre la température des tropiques et celle du nord de la France, il y a loin. Ce sont là deux extrêmes pour lesquels l'arbre à thé n'a pas été fait, et encore redoute-t-il moins les ardeurs de la zône torride que l'humidité pourrissante de notre atmosphère, comme le prouve bien le succès de sa culture au Brésil. On comprend d'ailleurs sans peine que plus il y aura d'analogie entre les climats des contrées où on tentera de l'introduire et ceux des régions de la Chine où il est cultivé depuis des siècles, plus on aura de chances de réussite.

Il y a pour nous de précieux renseignements à tirer de l'expérience faite par les Anglais dans le nord de leurs possessions de l'Inde. Peut-être sera-t-il utile d'extraire quelques passages d'une notice publiée à ce sujet dans le *Gardeners' Chronicle* (1); le fond en a été fourni par un mémoire du docteur Royle, ancien directeur du jardin botanique de Calcutta, qui a lui-même contribué pour une large part à cette heureuse innovation dans le régime économique et agricole de l'Inde.

« C'est au commencement de 1827, dit M. Royle, que je parlai pour la première fois à lord Amherst, alors gouverneur-général de l'Inde, de la probabilité du succès de la culture du thé dans les montagnes de l'Himalaya, et j'en fis peu de temps après l'objet d'un rapport spécial qui fut présenté la même année au gouvernement. Dans ce rapport, je faisais remarquer que l'arbre à thé est loin d'être aussi délicat et aussi limité dans sa distribution géogra-

(1) *On the cultivation of thea viridis and Bohea in the Himalayan mountains*, Gardeners' Chronicle, 1849 juin.—Une partie de cette note a été reproduite dans la *Revue horticole*, 15 janvier 1850.

phique qu'on le supposait généralement, et que, bien qu'il semble atteindre son plus haut degré de perfection sous le doux climat de Nan-king, la culture en est encore florissante sous les latitudes plus élevées de Pé-king et du Japon. Quand lord William Bentinck visita le jardin de Saharunpore en 1831, je ne manquai pas de lui parler de la culture du thé comme d'une nouvelle source de prospérité pour une partie considérable de l'Inde. Je ne fus pas seul du reste à croire à la possibilité de son acclimatation dans ce pays; déjà sir Jos. Banks avait émis, longtemps avant moi, et sans que j'en eusse connaissance, l'idée que cet arbuste pourrait facilement s'acclimater au pied des montagnes de l'Himalaya. Telle fut encore un peu plus tard l'opinion du docteur Wallich qui présenta à la chambre des communes un Mémoire par lequel il recommandait la culture du thé dans les districts de Kemaon, de Gurhwal et de Sirmore. Après quelques hésitations de la part du gouvernement, une commission fut chargée d'examiner la question. Son rapport fut entièrement favorable, et elle déclara que la culture du thé avait les plus grandes chances de succès sur les montagnes basses et dans les vallées de la chaîne de l'Himalaya. On se mit promptement à l'œuvre : des graines arrivèrent au jardin de Calcutta, en janvier 1835; elles produisirent un grand nombre de plantes qui furent immédiatement envoyées dans les localités où la commission avait recommandé d'établir des pépinières. On en plaça une à Bhurtpodre, entre les chaînes de Beementhal et de Gagur, à la hauteur de 4,500 pieds de hauteur (1700 mètres), « *car*, disait la commission, *une condition essentielle au succès de la culture du thé, c'est qu'on ait un climat dans lequel il existe un hiver bien prononcé, de six semaines ou deux mois, et dans lequel il gèle et tombe de la neige.* »

Les plantations ainsi établies s'annoncèrent, dès le début, sous les plus heureux auspices; mais il restait à se procurer des ouvriers chinois bien au fait de la manipulation du thé, et ce n'était pas la partie la moins difficile de l'entreprise. Les premiers que l'on engagea refusèrent de se rendre dans le Kemaon; le Dr Wallich réussit pourtant à en décider neuf autres qui atteignirent leur destination en avril 1842. Au mois de janvier suivant, le premier échantillon de thé hymalayen arriva en Angleterre, où la chambre de commerce, à laquelle il fut présenté, declara « que c'était un très-bon article de vente (*marketable*), et valant sur le marché de Londres, 2 sh. 6 d. (3 fr. 20 c.) la livre. » Des négociants, MM. Thompson de Mincing-Lane, fort au courant des valeurs des denrées coloniales, reconnurent le thé de nouvelle importation pour du *souchong de qualité supérieure, parfumé et fort*. Ils le trouvèrent égal en valeur au meilleur thé noir, et bien préférable à la plupart des thés ordinaires de Chine qui se débitent dans le commerce.

Le 30 août de la même année (1843), un nouvel envoi de thé de Kemaon fut adressé à Londres. Il consistait en seize petites boîtes, que, pour les préserver de l'humidité, on recouvrit de toile cirée. Malheureusement, les boîtes furent endommagées pendant le voyage qui dura quatre mois, et le goudron des toiles communiqua un peu de son odeur au thé. Malgré cet accident, les courtiers de Londres lui trouvèrent encore une valeur qui allait de 1 sh. 2 d. à 3 sh. 6 d. (1 fr. 40 c. à 4 fr. 20 c.) la livre.

Depuis 1843, les plantations se sont beaucoup étendues. Le Dr Jameson, qui est chargé du soin de les diriger, nous apprend, dans un Mémoire adressé récemment par lui à la chambre de commerce de Londres, que, dans les seuls districts de Kemaon, de Guhrwal et de Deyra, l'espace occupé par les plantations de thé dépassait 176 acres (81 hectares), et que le nombre total des arbustes en plein rapport était de 322,579. Il ajoute que ces plantations sont disséminées dans un grand nombre de localités, différentes pour le climat et la qualité du sol, et n'occupent pas moins dans leur ensemble de 10 degrés en latitude. D'après son estimation, il y aurait encore, dans le Deyra seulement, 100,000 acres (46,000 hectares) parfaitement propres à cette culture.

En 1846, il se vendit à Almorah une assez grande quantité de thé himalayen, avec une augmentation considérable dans les prix, bien qu'il n'eût encore été soumis à aucun impôt. Le prix moyen fut de 6 roupies 1/2 la livre; quelques qualités s'élevèrent jusqu'à 7 roupies 1/2, et, ce qui n'est pas moins encourageant pour cette industrie naissante, c'est que ce furent les indigènes qui en achetèrent la plus grande partie pour le revendre au Thibet et dans la Tartarie chinoise.

L'année suivante, une seconde vente eut lieu dans la même localité. Les prix réalisés pour le thé vert furent de 9 à 10 roupies la livre; le thé noir valut 7 roupies au maximum et 4 au minimum. On considéra dès-lors la question de l'industrie du thé comme définitivement tranchée, et le gouvernement de l'Inde envoya à M. Jameson l'ordre de créer immédiatement de nouvelles plantations dans toutes les parties montagneuses de la frontière nord-ouest, depuis le Sutledge et le pays acquis récemment à l'ouest de cette rivière jusqu'au Ravi.

« Le succès de ces opérations, continue M. Royle, devient surtout remarquable lorsqu'on songe qu'on n'a encore cultivé dans l'Inde qu'une variété inférieure de thé, et que, d'un autre côté, l'art d'en préparer les produits, comme celui de fabriquer le vin et de manufacturer le tabac, ne peut s'acquérir que par une longue expérience. Les divers échantillons que nous avons goûtés, tant verts que noirs, bien qu'inférieurs aux meilleures qualités de la Chine, étaient certainement les équivalents de celles que consomment les classes moyennes en Angleterre, et ne laissent pas le moindre doute qu'avec plus d'habileté dans la préparation, et surtout des plants de meilleures variétés, plants à la recherche desquels M. Fortune est maintenant occupé en Chine, le commerce des thés de l'Himalaya anglais ne devienne un concurrent redoutable pour celui du Céleste-Empire. Il y a plus; le fait cité plus haut de l'achat de ces thés par les indigènes qui les transportèrent au Thibet pour les revendre, sans doute avec profit, donne lieu de croire qu'un jour la consommation de cet aromate, dans la Tartarie chinoise, sera alimentée par les thés de Kemaon, si toutefois les autorités chinoises ne songent pas à en prohiber l'entrée dans ce pays. »

La quantité de thé manufacturé en 1848 est évaluée officiellement à 2,656 livres anglaises. Le Dr Jameson nous apprend que sur cette somme il en a adressé 600 livres en Angleterre, tant de vert que de noir, et que ce thé avait déjà une meilleure apparence que celui des années précédentes. Il ajoute qu'à la fin de la saison, il y aura 400 acres (184 hectares) en culture à Kolaghir, dans le district de Doon; qu'à Paorie il s'attend à en avoir de 200 à 300 acres (de 92 à 138 hectares), et qu'il a, au moment même où il écrit ces lignes, 250,000 plants de semis tout prêts à être transplantés. L'année précédente, à pareille époque, il en avait déjà envoyé 100,000 dans la vallée de Kangra, où la majeure partie de ces plants est en pleine réussite. Outre ces quantités considérables d'arbustes, il a récolté, en 1848, plus de deux millions de semences sur ses anciennes plantations. Il espère, avec celles qui existent déjà à Kolaghir, récolter, dans l'espace de huit à dix ans, assez de graines pour en ensemencer toute la contrée de Doon.

Voilà certes une expérience décisive, et déjà on peut calculer l'immense revenu que la compagnie des Indes retirera de la vente de ses thés, lorsqu'elle fournira à la consommation de l'Europe et d'une grande partie de l'Asie. Tout d'ailleurs semble favoriser cette vaste entreprise : le sol, le climat, le travail à bon marché, et la facilité des voies de transport par les fleuves qui sillonnent la région basse du pays. C'est tout un nouvel avenir qui s'ouvre pour les colonies anglaises ; le gouvernement de la métropole l'a d'ailleurs bien compris, lorsqu'il a envoyé M. Fortune en Chine, à la recherche des plants de thé de races supérieures à celles que l'on cultive déjà dans le nord de l'Inde. (1)

Il est pénible pour notre amour-propre national de comparer le succès de l'Angleterre avec les essais mesquins que nous avons faits pour acclimater chez nous l'arbre à thé, essais qui n'ont même été suivis

(1) Il y a déjà près de quatre ans que M. Fortune parcourt la Chine, étudiant et recueillant les nombreuses variétés d'arbres à thé que l'on veut toutes expérimenter dans les exploitations de l'Inde, mais ses recherches embrassent aussi les autres végétaux utiles dans les diverses branches de culture. L'horticulture, particulièrement, lui doit un grand nombre de belles plantes d'ornement, et tout récemment encore, il a découvert une variété jaune de camellia, qui ne peut manquer de faire une grande sensation parmi les amateurs en Europe.

d'aucun résultat. Mais ne devions-nous pas nous attendre à échouer, lorsque sans transition, et contre toutes les règles de la science et de la pratique, nous transportions dans nos départements septentrionaux des arbustes enlevés au sol et au climat tropical du Brésil? Encore aurait-on pu conserver quelques espérances si les plants avaient été apportés directement du centre de la Chine, dont la température présente quelque analogie avec celle de la France. Dans ce cas même, les chances de succès eussent été peu nombreuses, non que l'arbre à thé ne puisse supporter un de nos hivers, mais parce que ces hivers durant trop longtemps, et les étés étant trop courts et ne fournissant pas une somme de chaleur suffisante, l'arbuste n'y peut pas aoûter son bois, ni élaborer suffisamment les principes qui donnent à ses feuilles toute leur valeur. D'un autre côté, les tentatives faites au jardin d'acclimatation d'Alger ont eu encore moins de succès, puisque tous les plants qu'avait reçus M. Hardy ont succombé à la sécheresse; mais il faut observer que la température du littoral africain correspond encore moins que le climat du nord de la France aux contrées de la Chine où la culture est le plus productive. Le docteur Royle nous signale le district de Nan-king comme celui où l'arbre à thé donne ses meilleurs produits ; or, d'après le tableau météorologique cité plus haut, Nan-king correspondrait pour sa température moyenne au midi de la France, au nord de l'Espagne et au centre de l'Italie, région où nous trouvons en effet toutes les conditions indiquées par la commission anglaise, savoir *un hiver bien prononcé de six semaines à deux mois, dans lequel il gèle et tombe de la neige*, mais auquel succèdent un grand nombre de beaux jours et des chaleurs considérables, sans pourtant que la terre se dessèche entièrement. Les collines de la Provence, du Languedoc, du Rousillon, de la Corse, de l'Italie, et mieux encore probablement la partie septentrionale et occidentale de l'Espagne, telles sont, à notre avis, les localités où il aurait fallu faire des expériences, et où, nous n'en doutons pas, elles auraient produit de bons résultats. Quant à l'Algérie, nous croyons encore, et M. Hardy le pense comme nous, que la culture du thé y est possible, mais seulement dans les montagnes, à partir de 7 à 800 mètres au-dessus du niveau de la mer, hauteur où la température est à peu près équivalente à celle des régions que nous venons d'indiquer. »

Maintenant, nous le demandons, les gouvernements de l'Europe occidentale et méridionale ne seraient-ils pas vivement intéressés à tenter à leur tour ce que l'Angleterre a su réaliser avec tant de bonheur pour une de ses colonies? Sans se faire entrepreneurs d'industrie, ils peuvent ouvrir la voie par une expérience habilement dirigée, qui servirait d'exemple et provoquerait les particuliers à marcher sur leurs traces. D'ailleurs il est des essais coûteux de leur nature, que seuls ils sauraient entreprendre avec succès, et celui de la culture et de la manipulation du thé est de ce nombre. Il n'y a point, par exemple, de particulier assez riche pour faire venir de la Chine des ouvriers qui enseignent aux Européens les préparations à faire subir à la feuille, et pour envoyer chercher dans ce pays éloigné les variétés les plus propres à s'acclimater sur notre sol. Le gouvernement français a déjà pris sous son patronage la production de la cochenille en Algérie; combien à plus forte raison devrait-il encourager celle du thé, dont il se fait en Europe une si prodigieuse consommation!

Bois de construction. Les Chinois possèdent comme nous le frêne, le chêne, le sapin et la plupart de nos bois de construction. Mais quoiqu'ils en fassent un usage assez fréquent, ils ne laissent pas de leur préférer certains arbres indigènes, pour tous les ouvrages qui réclament une grande solidité. Ce fait témoigne suffisamment des qualités qui leur sont propres, et des avantages probables que nous pourrions en tirer.

Parmi les bois de construction qui sont particuliers à la Chine, nous mentionnerons le *Nan-mou* qui jouit surtout d'une grande importance, et dans lequel les voyageurs ont cru reconnaître le cèdre. Cependant sa feuille diffère essentiellement de celle des cèdres du Liban. Cet arbre est un des plus hauts qui se trouvent en Chine, ses branches verticales se terminent par une sorte de touffe ou bouquet. Le bois en est considéré comme incorruptible, et particulièrement affecté à la construction des maisons impériales. C'est un axiome dans le pays, que, *si l'on veut élever un bâtiment qui résiste à l'action du temps, il faut y employer le seul bois du Nan-mou*

Nous citerons encore le *Tie-ly-mou* ou *arbre de fer* qui s'élève à la hauteur de nos plus grands chênes; s'il s'en rapproche à quelques égards, il en diffère d'ailleurs par plusieurs caractères, et entre autres, par la couleur, la dureté et la pesanteur de son bois. Au reste, ses qualités sont trop bien connues pour que nous ayions besoin d'en faire l'éloge.

Nous nous bornerons à dire que la présence de cet arbre en Chine, nous autorise à croire qu'il serait possible de l'importer chez nous, sous des latitudes correspondantes.

Comme complément des bois de construction, on peut parler aussi des bois de luxe que l'Europe emprunte presque tous à d'autres continents. Parmi les plus rares et les plus précieux de la Chine, le *Tse-tan* ou *bois de rose*, est d'un grand usage dans la menuiserie. Plusieurs plantes qui croissent dans le voisinage de cet arbre ayant réussi au jardin d'acclimatation d'Alger, on peut présumer qu'il serait d'une introduction facile en Espagne, en Algérie, et dans le midi de l'Italie.

V.

Plantes Médicinales.

L'anatomie est peut-être de toutes les sciences celle que les Chinois ont le moins approfondie. Le respect qu'ils ont pour les morts, l'importance qu'ils attachent aux honneurs de la sépulture, leur ferait considérer l'autopsie d'un cadavre comme une monstruosité sans exemple, et une révoltante impiété; mais s'ils se sont vus forcés de négliger cette branche des études thérapeutiques, ils en n'ont acquis que plus d'habileté dans la médecine proprement dite, et excellent particulièrement dans l'appréciation exacte des différents symptômes, et le traitement par les simples.

On le sait, c'est plutôt à l'expérience populaire qu'aux inductions de la science, qu'est dû l'usage de la plupart des plantes médicinales. La connaissance de leurs propriétés et de leurs vertus nous a été transmise d'âge en âge, de génération en génération, par ce qu'on appelle *la routine*, et ces traditions remontent presque toujours à une époque où les peuples vivaient de la vie primitive, alors que privés des secours de l'art et en contact plus immédiat avec la nature, ils devaient lui demander davantage pour la guérison de leurs maux et le soulagement de leurs infirmités.

Cet empirisme traditionel, qui remonte à l'enfance de toutes les nations, fut pour la science moderne l'objet d'utiles conquêtes et de salutaires importations. C'est ainsi que nous l'avons vu emprunter successivement, à l'Amérique le quinquina et l'ipécacuanha, à la Tartarie la rhubarbe, à l'Afrique le séné et tant d'autres produits secondaires, mais tous d'une grande importance pour les préparations pharmaceutiques. Il n'est pas jusqu'aux peuplades les plus ignorantes qui n'aient contribué pour leur part à enrichir des données de leur expérience la liste de nos plantes utilitaires.

Combien à plus forte raison n'aurait-on pas à demander à la Chine, et à combien de découvertes de ce genre ne pourrait-on pas légitimement s'attendre, chez un peuple observateur par excellence, où les vieilles pratiques et les enseignements du passé, sont non-seulement recueillis religieusement et transmis de bouche en bouche, mais aussi consignés avec les détails les plus minutieux dans une foule d'ouvrages écrits. C'est au point qu'on ne saurait ouvrir un livre relatif à l'agriculture, à la botanique, à la floriculture, un livre enfin où il soit question de plantes, sans que l'auteur n'examine scrupuleusement les vertus ou les dangers de chacune d'elles, en indiquant l'usage de la racine, des feuilles, de la fleur et du suc végétal, ainsi que la manière de les préparer.

L'esprit observateur des Chinois et leur respect

pour les traditions, ne sont pas l'unique cause de leur supériorité dans la connaissance des herbes médicinales. S'ils ont des notions plus exactes sur les propriétés des végétaux, c'est aussi qu'ils ont été plus souvent condamnés à en faire l'expérience. La disette, résultat ordinaire de l'agglomération des populations, les a fréquemment réduits, dans l'insuffisance des espèces cultivées, à demander un complément de nourriture aux plantes d'une végétation spontanée. Sans doute ils ont dû faire de terribles épreuves; mais aussi ils sont arrivés à un degré d'expérience que, sans cette nécessité, ils n'eussent probablement jamais atteint. Nous en avons donné un exemple dans notre introduction, en parlant d'un traité spécial où sont classées et énumérées près de deux cents espèces, dont les racines, les feuilles, les fleurs ou les baies peuvent être mangées sans inconvénient.

Il est de plus à remarquer que l'usage du thé en infusion, usage général dans tout l'Empire, donna naturellement aux Chinois l'idée d'expérimenter un grand nombre de plantes de la même manière, et que l'emploi des sucs végétaux pour les frictions dont ils usent souvent, et quelquefois après l'opération de l'acu-poncture, a dû nécessairement les conduire à une étude approfondie des simples et de leur préparation.

Nous ne citerons pas ici le catalogue des plantes dont ils font usage et dont leurs livres constatent l'efficacité. Cette nomenclature de noms étrangers serait fatigante par sa longueur même et par l'impossibilité où nous serions de donner une idée précise des espèces qu'elle signale. Quelques-unes jouissent cependant d'une célébrité incontestée, et il n'est personne parmi celles qui se sont occupées des différentes questions de la botanique médicale, qui n'ait entendu parler du *Gin-seng*, du *Fou-lin*, du *Ti-hoang*, etc., dont les puissantes vertus sont trop unanimement vantées par les Chinois et par les Européens qui ont habité la Chine, pour qu'il ne soit pas intéressant d'en expérimenter les effets.

Quand ces témoignages irrécusables nous permettraient de douter encore des assertions si formelles et si précises qu'on rencontre à chaque pas chez les auteurs chinois, il serait facile d'apprécier le degré de confiance que nous devons leur accorder, en examinant leur jugement sur les végétaux qui leur sont communs avec nous. Or, ce jugement est partout d'accord avec les conclusions de la science moderne : c'est ainsi que nous les voyons attribuer aux fruits du jujubier, à l'armoise, à la matricaire, aux feuilles, à l'écorce, aux glands du chêne, aux noix de Galle, exactement les mêmes vertus qu'on leur reconnaît chez nous.

Rien ne nous autorise donc à considérer comme mensongères ou exagérées les propriétés que les Chinois accordent à leurs plantes médicinales; et bien que la botanique appliquée soit celle de leurs sciences sur laquelle on puisse préciser le moins de faits dans l'état actuel des choses, nous n'hésitons cependant pas à dire que, nulle part ailleurs, il n'y aurait plus d'importantes recherches à faire, en travaillant d'abord à déterminer d'une manière positive les différentes espèces qu'ils utilisent, pour essayer ensuite d'introduire en Europe celles qui se recommanderaient par des qualités reconnues (1).

(1) Voici un fait attesté par les missionnaires catholiques, c'est-à-dire par des hommes dont la bonne foi ne saurait être suspectée, et qui vient à l'appui de ce que nous avons dit des connaissances des Chinois, en matière de plantes médicinales. Monseigneur Imbert, envoyé en Chine comme simple propagandiste, en 1823, depuis vicaire apostolique de Corée et évêque *in partibus* de Capsa, et qui subit le martyre il y a quelques années, avait les cheveux entièrement rouges. Cette circonstance faillit le faire renoncer à sa mission, dans un pays où l'on ne voit que des cheveux noirs, et où toute autre nuance, caracté-

VI.

Plantes d'ornement.

Chez nous on aime les fleurs ; chez les Chinois on se passionne pour elles. Ce qui nous plaît dans un jardin c'est la variété du coup d'œil, la richesse des couleurs, la beauté ou la rareté des espèces : pour les Chinois, chaque plante est l'objet d'un culte

risant nécessairement un étranger, rend les voyages et la propagande impossibles. Il était sur le point de retourner en Europe, lorsqu'un catéchiste chinois lui offrit de changer complètement la couleur de ses cheveux, au moyen d'un breuvage composé de sucs végétaux que, pendant six semaines, il prendrait à jeun tous les matins. L'épreuve aurait paru périlleuse à tout homme moins pénétré de sa vocation. L'évêque de Capsa ne craignit pas de la tenter, et au bout d'un mois de ce régime, sa barbe, ses cheveux, tout le système pileux, en un mot, avait pris une teinte foncée qui, depuis, n'a jamais disparu.

C'est ainsi que les vertus puissantes de certaines plantes intertropicales, qui paraissent étranges lorsqu'on en parle pour la première fois, sont confirmées chaque jour par des faits nouveaux. Cuningham, dans ses *Transactions philosophiques* (t. V, partie IV), faisait déjà mention d'une racine chinoise ayant la propriété de noircir les cheveux gris. Il ajoutait que le prix élevé de cette plante l'avait seul empêché de l'expérimenter.

véritable, d'une espèce d'amour mystique, qui inspire à lui seul une grande partie de leurs poésies. Dans les romans, dans l'histoire, jusque dans les habitudes de leur vie privée on trouve des exemples de cet amour naïf et passionné. De graves magistrats s'invitent mutuellement à venir admirer leurs pivoines et leurs chrysanthèmes. Il est même question, dans les monuments de la littérature chinoise, d'une sorte d'extase, que nos mœurs ne permettent guère de comprendre, et qui consiste à s'enivrer de la vue des plantes en cherchant à saisir, par une attention continue, les progrès de leur développement. Cette passion s'explique, du reste, chez un peuple étranger à toutes les préoccupations de la politique et qui, placé comme un voyageur sur une route unie, entre un passé sans bornes et un horizon dont il n'aperçoit pas les limites, s'abandonne tout entier à la contemplation des objets qui l'entourent, en y mettant tout ce que son âme et son imagination peuvent avoir de forces vives et de poésie. Si nous citons ces curieux exemples, ce n'est assurément pas que nous songions à les importer chez nous. Nous voulons seulement donner une idée du degré d'expérience et d'habileté auquel un goût si prononcé, nous dirons presque si exalté, a dû nécessairement conduire les horticulteurs chinois.

On ne s'étonnera donc pas s'ils excellent dans l'art d'embellir les espèces rustiques, d'en faire doubler les fleurs, d'en modifier les couleurs et la forme primitives tout comme d'en hâter la floraison. C'est ainsi qu'ils en son venus tantôt à donner à des espèces naines un développement considérable, tantôt à réduire aux plus chétives proportions des arbres ordinairement de grande taille : on cite particulièrement des ormeaux dont ils ont fait des arbrisseaux de moins d'un mètre de hauteur, mais qui conservent toujours en petit leur ancien aspect.

Au reste, en voyant à la dernière exposition centrale d'horticulture des azaléas, des rhododendrums, des rosiers, des camélias en fleurs de deux ou trois décimètres de haut, chacun a pu remarquer que le goût pour le *rabougrissement* des espèces se naturalisait insensiblement à Paris, de même que s'introduisit vers le milieu du XVIIe siècle celui de la taille des massifs de nos parcs auxquels on se plut à donner des formes bizarres ou monumentales.

Longtemps avant le règne des jardins dits *à la française*, le même système d'ornementation était déjà en honneur à la Chine, et il est probable qu'il se maintiendra longtemps encore chez un peuple où les modes voient passer les générations, comme chez nous les générations voient passer les modes.

On conçoit sans peine que l'horticulture chinoise a dû nous fournir un nombre considérable de plantes ornementales. Les floriculteurs de profession n'ont pas besoin que nous les mentionnions ici, et d'ailleurs la liste en serait trop longue pour offrir de l'intérêt aux personnes qui ne s'occupent pas de jardinage. Nous nous bornerons à citer, parmi les espèces les plus répandues, ces Pivoines en arbres (*Pœonia Meoutan*), d'un si splendide effet dans les massifs, lorsqu'elles sont couvertes de leurs grandes fleurs d'un rouge clair ; la Reine-Marguerite (*Chrysanthemum sinense*), aujourd'hui si populaire et toujours si belle et si recherchée ; les Hortensias roses et bleus ; le Magnolia Yu-can ; la Glycine de la Chine (*Glycine* ou *Wistaria sinensis*), dont les longues tiges sarmenteuses, le beau feuillage et surtout les admirables grappes d'un bleu tendre, sont au printemps le plus bel ornement des berceaux, et des treillages de nos jardins. Mais, depuis l'introduction de ces espèces déjà anciennes et de mille autres que nous passons sous silence, l'Europe en a reçu un nombre considérable de nouvelles, et le répertoire des Chinois est loin encore d'être épuisé. Qu'on nous permette d'en citer quelques-unes dues aux recherches de M. Fortune, et qui par conséquent sont pour nous de date toute récente. Ce seront entre autres le *Fortunea sinensis* (*Platy-carya strobilacea*, Sieb. et Zucc.), arbre d'ornement de la famille du noyer, et que l'on croit capable de résister aux hivers de la Grande-Bretagne; le *Plumbago Larpentæ*, charmante plombaginée que le bleu vif de ses fleurs fait ranger avec raison parmi les plus brillantes acquisitions de pleine terre que l'horticulture européenne ait faite depuis plusieurs années; le *Weigelia rosea*, qui commence à se répandre dans les jardins de tous les amateurs, et qui, jusqu'à un certain point, rivalise d'éclat avec quelques Azaléas; la Rose à fleurs d'anémone (*Rosa anemonæ flora*), déliée et grimpante comme la Rose de Banks, qui est d'ailleurs du même pays, et qu'elle surpasse peut-être par la délicatesse de ses pétales d'un blanc de neige; le *Kum-Kwat*, variété ornementale du *Citrus Japonica*, espèce rustique, qu'on s'attend à voir braver nos hivers les plus rigoureux, et qui permettra de cultiver à l'air libre une espèce de la famille des Hespéridées presque jusqu'au centre de l'Europe;

le *Statice Fortunei*, si remarquable par la couleur jaune de ses fleurs au milieu d'un groupe où elles sont généralement bleuâtres ou purpurines ; le *Barbula sinensis*, l'*Indigofera decora*, le *Pterostigma grandiflora*, enfin l'*Anemone japonica*, production du sol chinois, malgré son nom qui semblerait la confiner au Japon, où en effet on la retrouve aussi.

Il nous serait facile de pousser plus avant cette revue, en multipliant les citations, en exposant ceux des procédés de la Chine que déjà nous sommes parvenus à découvrir, puis en conduisant le lecteur dans ces jardins fleuristes de Canton qui font l'admiration de tous les voyageurs Européens; mais, comme nous le disions au début de ce Mémoire, en attendant le jour où les moyens nous seront fournis de traduire utilement en son entier la grande Encyclopédie 授時通考, nous n'aurons point la prétention d'offrir au public un traité complet d'agriculture et d'horticulture chinoises. Nous chercherons seulement à éveiller l'attention de tous les gens spéciaux sur l'une des sources de richesse les plus abondantes et les plus négligées jusqu'à ce jour.

Nous devons à la lecture de cette fameuse Encyclopédie une grande partie des observations que nous avons déjà présentées au point de vue européen. L'analyse qui sert d'appendice à ce volume, achèvera, nous l'espérons, de donner une idée générale des connaissances agricoles et horticoles des Chinois, en même temps qu'elle fera connaître la classification qu'ils assignent et l'importance relative qu'ils accordent à chacune d'elles.

S'il peut résulter cette impression pour ceux qui auront pris la peine de lire notre travail, que la question qui nous occupe mérite réellement l'intérêt que nous lui croyons, nous aurons atteint déjà la moitié de notre but en appelant à nous aider tous ceux qui seraient en situation de le faire.

Il s'agit ici d'une œuvre complexe à laquelle chacun devrait apporter son contingent.

Que les missionnaires initiés par un long séjour aux usages et à la langue des Chinois nous signalent les variétés du règne végétal les plus dignes de l'importation; qu'ils recueillent sur les lieux les expressions techniques concernant la botanique et la science agricole, expressions pour l'éclaircissement desquelles nous avons exposé que les meilleurs dictionnaires étaient d'une faible utilité.

Que les gouvernements intéressés à la prospérité de l'agriculture fassent venir de la Chine des spécimens des plantes les plus belles et les plus utiles, et que les agriculteurs s'entendent afin de se livrer simultanément à des expériences d'acclimatation sérieuses et réitérées.

Enfin que les plantes envoyées, soit desséchées, soit vivantes, arrivent toujours acompagnées de leur nom écrit en chinois qui nous permette de constater leur synonimie, et de retrouver leurs notices dans les traités originaux.

Alors il sera possible de traduire, avec la stricte exactitude exigée en pareille matière, les inépuisables documents que renferme, à la bibliothèque, le cabinet des livres chinois, et nous pourrons concourir pour notre faible part à cette grande entreprise, en utilisant quelque connaissance de la langue chinoise que, durant plusieurs années d'étude, nous nous sommes efforcé d'acquérir.

授時通考

Nous avons dit que la grande Encyclopédie chinoise d'agriculture et d'horticulture se compose de 78 livres; ces 78 livres forment ensemble 55 volumes in-quarto, imprimés à Pé-king par ordonnance impériale, la 2e des années *Kien-long*, c'est-à-dire en 1737. La rédaction en avait été confiée par l'Empereur aux agriculteurs et aux lettrés les plus fameux, dont les noms sont tous inscrits en tête de l'ouvrage. On y voit figurer deux ministres, des inspecteurs généraux d'agriculture, des gouverneurs de provinces, et de nombreux membres du fameux corps des *Han-lin*, les académiciens du Céleste-Empire.

Les auteurs de ce grand travail ont soin d'annoncer dans leur introduction, par l'organe de l'un d'eux, gouverneur de la province de Kiang-si, qu'ils n'ont pas eu l'intention d'émettre des idées nouvelles, mais seulement de recueillir dans tous les ouvrages antérieurs, afin d'en former un vaste recueil, les observations et les morceaux les plus remarquables dus aux savants de tous les temps et de toutes les provinces.

Ce n'est donc pas une œuvre originale, mais une compilation que nous avons entre les mains, et c'est à nos yeux ce qui donne un grand prix à notre Encyclopédie, puisque sans nous trouver dans la nécessité de feuilleter un nombre considérable de livres, que d'ailleurs nous aurions souvent peine à nous procurer, nous possédons déjà un choix de tout ce que renferment d'intéressant les Annales agricoles de la Chine, choix fait par des hommes spéciaux, minutieux comme le sont les Chinois, et qui, pour réaliser ce vaste ensemble, ont dû se livrer à un travail de dépouillement qui leur a demandé vingt années de persévérance et d'infatigables recherches.

Dès la première page du premier volume, il est facile d'apercevoir le plan général de l'ouvrage. Les différents extraits relatifs à chaque branche de la science, sont classés chronologiquement. Chaque livre commence invariablement par des citations du *I-king*, du *Chu-king*, et des anciens livres canoniques ou sacrés; viennent ensuite les passages tirés des principaux philosophes; puis enfin les traités techniques et spéciaux, tels que le manuel des fermiers, l'herbier médical, etc. Les rédacteurs accompagnent ces morceaux de commentaires et de gloses d'une extrême utilité. Nous n'avons pas besoin de faire observer que ces fragments d'ouvrages pratiques nous fourniraient surtout de précieux renseignements.

Tel est l'ordre suivi dans la rédaction de chaque article. Quant à la classification générale des matières, elle étonnera parfois sans doute, et nous avouerons que, pour notre part, nous ne nous en sommes pas toujours rendu compte autant que nous l'eussions désiré.

Mais cela vient de ce que les Chinois, hommes pratiques et d'application avant tout subordonnent presque toujours leur méthode de classification à leur point de vue utilitaire, et qu'en agriculture, par exemple, ils distinguent plus volontiers les espèces par la nature des services qu'elles leur rendent, que par les caractères qui les différencient scientifiquement.

C'est ainsi que nous apercevons d'abord les *Ma* dans la troisième section pour les voir revenir ensuite à la fin de la huitième. Considérés en premier lieu comme graminées, on leur assigne un rang parmi les céréales; considérés plus tard comme fournissant des fibres textiles, on en fait un complément de la sériciculture.

L'ordre des matières varie donc suivant le point de vue auquel l'auteur s'est placé. Aussi la classification donnée par Bridgman ne ressemble-t-elle en rien à celle que nous trouvons ici.

Cette dernière observation faite, nous entrerons immédiatement dans l'examen de l'Encyclopédie, en rappelant, toutefois, que nous ne prétendons tracer que des sommaires, et en nous excusant à l'avance des erreurs que nous pourrons commettre dans cette route si peu frayée encore.

Chéou chí thong khao

PREMIÈRE SECTION.

天時

DES SAISONS.

LIVRE I. 總論上 CONSIDÉRATIONS GÉNÉRALES.

Première partie.

Le premier volume commence par de nombreux extraits des Kings ou livres sacrés, des anciens auteurs et des écrivains les plus célèbres, exaltant tous l'importance de l'Agriculture. Viennent ensuite deux tableaux indiquant les travaux de chaque mois, l'époque des semis et des plantations pour les différentes espèces de végétaux cultivés, et enfin par l'histoire des divers calendriers usités en Chine dès les temps les plus anciens et des modifications que l'on y introduisit par la suite. Les auteurs insistent sur l'importance des connaissances météorologiques pour l'entente de l'agriculture.

LIV. II. 總論下 CONSIDÉRATIONS GÉNÉRALES.

Deuxième Partie.

Cette seconde partie des considérations générales commence par l'axiome suivant, tiré du Li-ki, l'un des plus anciens livres classiques : 農天下之大本也 *L'agriculture est la base fondamentale de la prospérité de l'Empire.*

On continue d'énumérer en termes généraux les devoirs des populations agricoles durant les diverses phases de l'année. Un grand nombre des principes contenus dans ce volume sont empruntés au traité d'agriculture, intitulé : *Hong tching tsuen chu*.

LIV. III. 春 PRINTEMPS.

Après les considérations générales sur les saisons, viennent les préceptes relatifs à chacune d'elles en particulier.

Les Chinois commencent l'année par le printemps. Ce livre énumère les opérations agricoles qui s'effectuent dans cette saison : Échenillage et destruction des insectes nuisibles ; Taille des arbres ; Émondage ; Plantations et Semis. Il donne, par quinzaine de jours, la liste des plantes à semer ou à transplanter, et des arbres à tailler. Parmi les arbres à transplanter dans la première quinzaine du printemps, on remarque le jujubier et le sapin.

Aux listes des six quinzaines du printemps, se trouvent joints des tableaux indiquant, mais d'une manière très-générale, les soins que les plantes réclament pendant cette première période de l'année. Lorsqu'on traitera plus tard les questions spéciales des semailles et de la plantation, on donnera des détails pratiques plus circonstanciés sur ces différentes opérations.

LIV. IV. 夏 ÉTÉ.

L'ordre des matières est le même que dans le livre précédent. Six tableaux nous donnent la liste des céréales, légumes etc., que l'on doit semer, planter, récolter ou emmagasiner aux différentes époques de l'été. — Travaux de la moisson. — Devoirs réciproques des fermiers et des moissonneurs. — Actions de grâces à rendre à la Providence.

LIV. V. 秋 AUTOMNE.

Légumes, arbres et arbrisseaux, etc., qui se sèment et se plantent en automne. — Terres à façonner. — Précautions à prendre contre les gelées blanches. — Grains à moudre, etc., etc.

LIV. VI. 冬 HIVER.

Travaux agricoles de l'hiver.—Labourage.— Semis des légumes de printemps. — Constructions rustiques à exécuter.

DEUXIÈME SECTION.

土宜

DES DIVERSES CULTURES APPROPRIÉES A LA NATURE DU SOL.

LIVRE VII. 彙考 RECHERCHES GÉNÉRALES.

Examen général des ouvrages qui traitent de cette matière. —Extraits des livres sacrés et des auteurs le plus en renom. — Généralités.

LIV. VIII. 方輿圖說 CARTES GÉOGRAPHIQUES AVEC UN TEXTE EXPLICATIF.

Ce livre contient d'abord une carte générale de la Chine, puis dix-huit cartes représentant les dix-huit provinces avec leurs subdivisions géographiques et des indications sur la nature et les propriétés de leurs terroirs. Ces cartes sont accompagnées de notices climatologiques relatives à chacune des provinces.

LIV. IX. 辨方 DISTINCTION DES TERROIRS.

Discussion, d'après l'autorité des anciens auteurs et des modernes, sur le choix à faire des plantes qui conviennent le mieux à telle ou telle province de l'Empire chinois, suivant la nature du sol et le climat. — Histoire de l'agriculture dans chacune de ces provinces.

LIV. X. 物土 PRODUCTIONS.

Après avoir parlé des cultures qui conviennent d'une manière générale aux différentes provinces, on discute la question plus spéciale du choix des plantes à cultiver, suivant la nature des terrains, leur composition minéralogique, leur exposition, etc.; en un mot, l'appropriation des espèces aux conditions locales, pour retirer de leur culture la plus grande somme de produits.

LIV. XI. 田制上 DIVISIONS AGRAIRES.

Première Partie.

Histoire de la propriété territoriale en Chine depuis les temps les plus reculés jusqu'à l'époque de la publication de cet ouvrage. — Lois qui la régissent. — Répartition de l'impôt suivant la nature des produits du sol.

LIV. XII. 田制下 DIVISIONS AGRAIRES.

Deuxième Partie.

Continuation du même sujet. — Règlements concernant le paiement des impôts et les exemptions auxquelles on peut avoir droit. — Plusieurs édits de l'empereur régnant.

LIV. XIII. 田制圖說上 PLANCHES TOPOGRAPHIQUES RELATIVES AUX DIVISIONS AGRAIRES, AVEC UN TEXTE EXPLICATIF.

Première Partie.

Le livre XIII roule tout entier sur les divers systèmes de division territoriale usités en Chine à diverses époques, en commençant à la plus haute antiquité, alors que les empereurs, se considérant comme propriétaires de la totalité du sol, et regardant les cultivateurs comme leurs fermiers, avaient divisé tout le pays en carrés égaux qui, réunis hiérarchiquement en agglomérations de plus en plus grandes, formaient les communes, les cantons, les départements, les provinces, etc. Ce livre nous apprend aussi ce qu'étaient les mesures agraires anciennes, quelles modifications elles ont subies avec le temps; enfin il nous donne la longueur du pied des Tchéou en usage aujourd'hui et qui équivaut en mesures françaises à 180 millimètres.

LIV. XIV. 田制圖說下 PLANCHES TOPOGRAPHIQUES RELATIVES AUX DIVISIONS AGRAIRES, AVEC UN TEXTE EXPLICATIF.

Deuxième Partie.

Continuation du même sujet. Un grand nombre de planches nous montrent des fermes et des villages chinois avec les jardins qui les entourent, les canaux d'irrigation, les plantations, etc.; puis des champs échelonnés sur les flancs de montagnes presque à pic, avec la représentation des terrasses pour les soutenir et des moyens de les irriguer.

LIV. XV. 水利一 AVANTAGES QU'ON RETIRE DE L'EAU

(**Irrigations.**)—**1.**

Classification des cours d'eau en fleuves, rivières, ruisseaux, etc., d'après leur importance; le parti qu'on doit tirer de chacun d'eux suivant leur profondeur, leur largeur, etc. — Manière d'utiliser, pour l'irrigation, les eaux des lacs, des étangs, des pièces d'eau, ainsi que les eaux pluviales. — Histoire des divers systèmes d'irrigation suivis en Chine à différentes époques; motifs qui ont fait prévaloir ceux que l'on adopte aujourd'hui. — Instructions pratiques sur l'art des irrigations. — Dimensions des canaux suivant la classe à laquelle ils appartiennent; leur profondeur, leur largeur, les distances qui doivent les séparer les uns des autres.

Ce livre fait voir combien les Chinois étaient avancés dès la plus haute antiquité dans cette branche importante de l'agriculture. Il renferme des morceaux entiers, extraits du recueil 文獻通考 de Ma-touan-lin que nous avons eu déjà l'occasion de citer dans notre introduction.

LIV. XVI. 水利二 AVANTAGES QU'ON RETIRE DE L'EAU.

(**Irrigations.**)—**2.**

Recherches sur l'histoire des digues organisées en grand. —Législation qui les régit. — Systèmes de digues adoptés pour les différents fleuves de l'Empire; description de ces systèmes, qui varient de province à province, en raison du climat, de la nature du sol ou des ressources particulières à chacune de ces provinces, ce qui amène l'auteur à examiner en détail les qualités chimiques inhérentes aux eaux des principales rivières et des lacs de la Chine, au point de vue de l'agriculture.

LIV. XVII. 水利三 AVANTAGES QU'ON RETIRE DE L'EAU.

(Irrigations.)—3.

Continuation du même sujet. Ce livre est le complément du précédent.

LIV. XVIII. 水利四 AVANTAGES QU'ON RETIRE DE L'EAU.

(Irrigations.)—4.

Le livre XVIII traite de la manière de creuser les puits, de former des bassins, des réservoirs, des canaux d'irrigation, d'élever les digues et barrages pour déverser l'eau des rivières sur les terres cultivées. — Matériaux qui doivent être employés à ces diverses constructions. — Précautions à prendre en exécutant ces divers travaux. etc., etc. — Règlements concernant la prise de l'eau dans les rivières et leur distribution aux cultivateurs, suivant que les eaux sont basses ou abondantes, etc. — Manière d'utiliser l'eau de la mer en agriculture.

TROISIÈME SECTION.

穀種

CÉRÉALES.

LIVRE XIX. 彙考 RECHERCHES GÉNÉRALES.

Culture des céréales et des plantes qui en tiennent lieu. — Classification de ces plantes] à diverses époques. — Procédés de cultures en usage dans les temps anciens, pour chaque espèce de céréale; modifications introduites depuis, dans cette culture, et raisons qui les ont amenées. — Examen des qualités particulières à chaque espèce ou variété, etc. — Nécessité de travailler à répandre les bonnes espèces et à faire disparaître les mauvaises. — Un édit impérial recommande surtout de conserver avec soin pour les semer, les grains d'un volume remarquable, et l'Encyclopédie donne les figures de quelques tiges phénoménales dont l'une porte jusqu'à quinze épis. Deux de ces spécimens nous semblent se rapporter au genre *Milium*, et le troisième aux genres *Poa* ou *Festuca*.

LIV. XX, XXI ET XXII. 稻 RIZ.

Le riz forme le premier groupe de céréales. — Sa culture.

—Énumération des nombreuses variétés de riz cultivées en Chine.—Toutes ces variétés se rapportent à deux types principaux, peut-être à deux espèces, le riz ordinaire ou riz *aquatique* et le *riz sec*; qui diffèrent peu quant à la figure, mais qui s'éloignent beaucoup l'un de l'autre par la culture. — Propriétés du riz. —Nombreux usages auxquels on l'emploie, etc.

LIV. XXIII. 粱稷 MILLETS.

(*Holcus-Milium, Panicum verticellatum,* et peut-être d'autres genres). — Deuxième groupe de céréales suivant les Chinois. Les espèces désignées ici sous le terme générique de *Millets* sont indiquées par Bridgman comme appartenant aux deux genres que nous venons de nommer, et les figures de l'Encyclopédie ne démentent pas cette détermination; toutefois on peut conserver des doutes lorsqu'on sait avec combien peu d'exactitude la synonymie des plantes chinoises a été indiquée jusqu'ici.

LIV. XXIV. 黍 SORGHUM (*Bridgman*).

MILIUM GLOBOSUM. (*Rémusat.*)

Troisième groupe de céréales. L'Encyclopédie signale cinq variétés principales dans ce groupe, mais l'auteur y admet évidemment des plantes étrangères au genre *sorghum* des botanistes, puisque sur les cinq figures qui accompagnent son texte, il ne s'en trouve qu'une seule que nous puissions y rapporter. Les quatre autres révèlent des espèces non-seulement différentes des vraies sorghos, mais sans autre analogie entre elles que d'appartenir à la famille des graminées, et même on en voit une dont il est impossible de soupçonner le genre; la figure bizarre de l'Encyclopédie semble représenter un végétal tenant également du maïs et du bananier.

LIV. XXV. 粟 SETARIA. (*Bridgman.*)

PANICUM ITALICUM. (*Sieboldt.*)

Quatrième groupe de céréales. Trois espèces ou variétés sont décrites et figurées dans l'Encyclopédie ; l'une de ces espèces est employée à fabriquer une boisson fermentée analogue à la bière.

LIV. XXVI. 麥 BLÉ.

(Froment, seigles, orges, avoine, sarrazins, etc.) Cinquième groupe renfermant des plantes sans analogie entre elles, et distribuées en catégories principales d'espèces ou de variétés. Autant que nous en pouvons juger d'après le texte et les figures, nous désignerons ces catégories par les noms suivants et sous toutes réserves : le froment ; l'orge ; un blé de tartarie. (Triticum ? Secale ? Hordeum ?) ; le blé des moineaux (Avena Sativa?), le blé des hirondelles. (Avena nigra?); enfin le blé de sarrazin (Fagopyrum). Ceux qui savent combien la sitologie est embrouillée, même en Europe, comprendront sans peine que nous n'ayons pu désigner d'une manière plus certaine les espèces de céréales sur lesquelles nous n'avons que de vagues indications, et dont les figures sont tout à fait incomplètes.

LIV. XXVII. 豆 — *TÉOU*—1.

Sixième groupe de céréales, (Céréales au point de vue des Chinois et non des Européens), légumes secs (haricots; dolics, pois, lentilles et autres espèces). Ne pouvant reconnaître ces différentes espèces de légumes à l'inspection des figures de l'Encyclopédie, nous les désignons par l'expression chinoise de *Téou* qui s'applique à tout le genre. Nous avons par conséquent à signaler dans ce volume : 1° le *Téou jaune* : 2° le *grand Téou ;* 3° le *petit Téou rouge ;* 4° les pois verts (d'après Bridgman) ; 5° le *Téou blanc* dont on mange également les feuilles et les cosses qui constituent un aliment très-sain.

LIV. XXVIII. 豆二 *TÉOU.*—2.

Continuation du livre précédent. Description de huit légumineuses, parmi lesquelles nous reconnaissons, d'après les figures, la fève et quelques haricots. Les autres planches paraissent représenter plutôt des dolics ou des plantes appartenant à des genres voisins, que se rapporter à quelques-unes des espèces légumineuses cultivées en Europe.

LIV. XXIX. 豆三 *TÉOU.*—3.

Suite du même sujet. — Description de sept nouvelles légumineuses. — Deux espèces, surtout, sont remarquables par leur port et la forme de leur cosse vésiculeuse et monosperme. L'une de ces plantes, outre ses usages pour l'alimentation de l'homme, est encore considérée comme fourragère.

LIV. XXX. 麻 *MA.*

Septième groupe de céréales, (toujours au point de vue des Chinois). — Ce groupe, composé de plantes qui n'ont entre elles aucune analogie botanique, est désigné par les Chinois sous le nom générique de *Ma*, qui signifie littéralement *Chanvre*, bien que ces plantes ne soient point considérées ici comme textiles, mais seulement comme plantes à graines alimentaires ou oléagineuses. On en décrit cinq espèces que nous avons cherché vainement à reconnaître, à l'exception peut-être d'un *corchorus* et du sésame auxquels deux figures nous ont paru pouvoir se rapporter. L'auteur y donne de grands éloges aux plantes désignées sous le nom de *Ma* et nous apprend qu'elles sont depuis les temps les plus reculés en si grande estime à la Chine, que plusieurs anciens auteurs en avaient fait la première classe des céréales.

QUATRIÈME SECTION.

功作

TRAVAUX AGRICOLES.

LIVRE XXXI. 彙考 RECHERCHES GÉNÉRALES.

Recherches sur les travaux de la campagne. — Historique de l'outillage agricole et horticole; origine des divers instruments; leur perfectionnement graduel avec le progrès de la culture; leurs modifications suivant les provinces, etc. — Répartition des travaux de la terre entre les hommes, les femmes et les enfants, proportionnellement aux forces des sexes et des âges. Il est remarquable qu'en Chine, dès la plus haute antiquité, les travaux les plus rudes ont été le partage des hommes, tandis que les femmes n'eurent guère à s'occuper que des soins intérieurs. C'est un des traits caractéristiques de la civilisation chinoise.

LIV. XXXII. 墾耕 LABOURAGE.

Différents instruments au moyen desquels on retourne la terre; charrues, bêches, houes, etc. Les planches qui accompagnent le texte nous donnent la figure de ces divers instruments qui, bien qu'analogues aux nôtres, s'en éloignent quelquefois d'une manière assez notable pour qu'on ne saisisse pas toujours à première vue l'utilité de ces différences, dues évidemment à des particularités de culture qui ne se retrouvent point en Europe.

LIV. XXXIII. 耙勞 HERSAGE.

Opérations complémentaires du labour pour achever l'ameublissement du sol. — Différents ustensiles employés dans ce but; herses, claies, rouleaux, etc., de diverses formes, en bois ou en fer, suivant la nature des terrains, et l'espèce de culture. Tous ces instruments se font remarquer par une grande simplicité, et sont d'ailleurs bien moins nombreux et bien moins variés dans leurs formes que ceux dont nous nous servons en Europe. Les encyclopédistes entrent dans de minutieux détails sur les préparations à faire subir à la terre, pour chacune des céréales dont il a été question plus haut. — Neuf planches sont consacrées à l'outillage agricole.

LIV. XXXIV. 播種 ENSEMENCEMENT.

Les Chinois distinguent quatre manières d'ensemencer; l'une d'elles consiste à semer à la volée, les trois autres à l'aide d'instruments ou semoirs dont la composition n'est pas suffisamment expliquée par les figures. Comme dans le livre précédent et dans les suivants, chaque espèce de céréales est traitée à son tour, et toujours dans le même ordre; comme dans les autres aussi, ce sont le riz aquatique et le riz sec qui occupent la plus large place. Ce livre est accompagné de onze planches représentant les ustensiles employés dans l'ensemencement, parmi lesquels figurent les semoirs dont nous avons parlé au commencement notre ouvrage.

LIV. XXXV. 淤蔭 AMENDEMENT DES TERRES.

Manière de défricher les terres et d'en extraire les plantes parasites pour y cultiver le riz. — Utilité des amendements et des engrais — art de les préparer — emploi des diverses substances qui peuvent servir d'engrais — limon des étangs, manière de le recueillir et d'en augmenter la puissance fertilisante — cendres de différents végétaux, etc. — Examen des engrais particuliers qui conviennent le mieux à chaque espèce de céréale. — Sept planches, jointes à ce livre, renferment des figures relatives aux diverses opérations qu'on y décrit, telles que l'enlèvement du limon des marais, la récolte et la macération des plantes, etc.

LIV. XXXVI. 耘耔 SARCLAGE ET REPIQUAGE.

Il est particulièrement question dans ce livre du sarclage des rizières et du repiquage des jeunes plants de riz ; tous les instruments et vêtements employés dans ces opérations agricoles sont reproduits si soigneusement, qu'on nous montre jusqu'aux souliers de joncs fabriqués pour marcher dans la bourbe.

La dernière planche représente des cultivateurs occupés à purger des herbes parasites une rizière inondée. Tandis qu'ils travaillent, plongés dans l'eau jusqu'à la ceinture, un vieillard frappe sur un large tambour suspendu à des branches de saule. Le texte nous apprend que c'est un usage général d'accompagner ainsi au son du tambour un travail extrêmement pénible, afin de presser par la cadence les mouvements des ouvriers que le bruit empêche d'ailleurs de causer et d'oublier leur tâche.

LIV. XXXVII. 灌溉 IRRIGATIONS, ARROSEMENTS.

Dans la seconde section de cette Encyclopédie on a traité d'une manière générale les divers systèmes d'irrigation au point de vue administratif; maintenant on passe aux détails pratiques qui s'adressent aux cultivateurs. Un grand nombre e planches servent à faire comprendre les principes qui président à la distribution des eaux, au creusement des canaux, et des fossés, à l'établissement des barrages, des chaussées, des digues, et enfin à la construction des divers appareils propres à élever l'eau, tels que manéges à bras, manéges à chevaux, norias, machines à chaînes dont parle le père Du Halde, tuyaux de conduite, etc. Tous ces appareils sont, comme les autres ustensiles agricoles, d'une extrême simplicité; le bambou joue un grand rôle dans leur composition.

LIV. XXXVIII. 泰西水法 MÉTHODES POUR ÉLEVER L'EAU, D'ORIGINE EUROPÉENNE.

Ce livre est consacré à la description des pompes et autres appareils pneumatiques d'invention européenne, introduits à la Chine par les missionnaires. Chacune de ces machines est un diminutif de ce que nous possédons dans le même genre; il y a cependant quelque intérêt à observer les modifications que le génie chinois a fait subir à nos inventions dans le but de les simplifier.

LIV. XXXIX. 收穫 MOISSON ET BATTAGE DES GRAINS.

Manière de procéder à la moisson du riz et à l'enlèvement des récoltes. — Faucilles de diverses formes, paniers, etc. — Différentes manières d'égrener le riz, soit en le battant par poignées sur une table ou un autre corps destiné à cet usage, soit en employant le fléau. — Préparation des aires à battre le riz et les autres céréales — forme des fléaux — séchoirs pour le riz dont les pailles ont été imbibées d'eau, etc. Parmi les instruments, nous remarquons particulièrement une sorte de faux munie d'un filet collecteur où tombent les épis à mesure qu'ils sont coupés ; le moissonneur est suivi de sa femme traînant une corbeille à roulettes dans laquelle on vide le filet chaque fois qu'il est rempli.

LIV. XL. 攻治 NÉTOYAGE ET MOUTURE DES GRAINS.

Ce livre est consacré aux opérations multipliées qui ont pour but la séparation du grain d'avec les matières étrangères, et surtout les préparations définitives qui le rendent propre à entrer dans la consommation. Un très-grand nombre de planches sont consacrées à faciliter l'intelligence de la composition et du jeu des machines employées dans ces deux séries d'opérations. Quant aux machines elles-mêmes, elles sont les plus complexes de celles qu'emploie l'agriculture chinoise, et elles embrassent tous les degrés, depuis le plus simple, celui qui consiste à mouvoir à force de bras un pilon de bois dont les coups répétés dépouillent le riz de son enveloppe, jusqu'aux meules mises en mouvement par les cours d'eau. Cette série d'instruments est trop nombreuse pour que nous puissions nous arrêter à chacun d'eux ; nous nous bornerons à constater qu'il en existe de particuliers pour chaque espèce de céréales, c'est-à-dire pour les graminées, les légumineuses ou *Téou*, les oléagineuses, etc.

LIV. XLI. 牧事 PATURAGES ET BERGERS.

Dans l'antiquité, le labourage des terres se faisait à la main ; on attelait deux hommes à une charrue. Plus tard les buffles ont remplacé l'homme. Le livre XLI fait un résumé de l'histoire de la *domestication* du buffle et des perfectionnements que chaque siècle a apportés aux attelages. Il passe ensuite à la partie pratique de l'art pastoral, indique les devoirs des bergers et bouviers, les soins que réclament les animaux aux diverses époques de leur vie, etc. Huit planches jointes au texte donnent une idée exacte des pièces qui entrent dans le harnachement des buffles et des chevaux employés pour l'agriculture, ainsi que de divers instruments nécessaires au service de l'étable, tels que hache-pailles, couvertures pour les animaux, etc. La dernière planche représente un berger monté sur un buffle et jouant de la flûte en faisant paître l'animal. Depuis les temps les plus anciens, cet usage existe à la Chine ; les bergers, comme ceux de Théocrite et de Virgile, y emploient leurs loisirs à chanter des vers. On voit que partout l'analogie des états a produit chez les hommes l'analogie des mœurs.

CINQUIÈME SECTION.

勸課

MANIFESTES IMPÉRIAUX CONCERNANT L'AGRICULTURE.

LIV. XLII. 彙考 CONSIDÉRATIONS GÉNÉRALES.

Excellence de la science agricole. — Encouragements que les Empereurs lui accordèrent dès la plus haute antiquité. — Cérémonial des fêtes et des sacrifices relatifs à l'agriculture. — Choix des exhortations les plus célèbres adressées aux populations agricoles par les Empereurs chinois. Ces morceaux sont remarquables surtout par le ton paternel qu'emploie le souverain. Les uns concernent l'agriculture et l'horticulture, d'autres la grande industrie des vers à soie. — Considérations sur l'importance relative de chacune des céréales. — Devoirs réciproques des propriétaires et de leurs tenanciers. — Instructions adressées aux inspecteurs d'agriculture et aux magistrats préposés à la police des campagnes.

LIV. XLIII. 詔令 DÉCRETS ET MONITOIRES IMPÉRIAUX.

L'Empereur, comme souverain pontife, doit des enseignements et des instructions à son peuple. Aussi ces décrets sont-ils généralement précédés par un morceau de morale. Le plus souvent ils roulent sur des généralités applicables à toutes les provinces de l'empire; d'autres fois ils sont provoqués par un évènement particulier, tel qu'une inondation, un désastre partiel que l'Empereur veut réparer par des largesses; ou bien c'est un district qu'il félicite des progrès de son agriculture, ou qu'il réprimande au contraire à cause du mauvais état des campagnes.

LIV. XLIV. 章奏 RAPPORTS PRÉSENTÉS AUX EMPEREURS.

Choix de rapports, de mémoires et de placets, composés à toutes les époques pour constater l'état de l'agriculture dans le Céleste-Empire, et appeler l'attention du souverain sur ses progrès ou ses besoins. — Représentations adressées par les sages de l'antiquité et par les moniteurs impériaux aux Empereurs qui laissaient languir l'agriculture en négligeant de l'encourager. — Il suffit de lire le sommaire de ce livre pour voir qu'il contient à lui seul l'histoire de l'agriculture en Chine.

LIV. XLV. 官司 MANDARINS PRÉPOSÉS A L'ADMINISTRATION AGRICOLE.

Organisation des mandarinats agricoles depuis la plus haute

antiquité — Pouvoirs et attributions des mandarins. — Les uns sont préposés à l'administration des greniers publics ou à la police des irrigations, d'autres à l'inspection des campagnes, afin de constater ceux des cultivateurs que la grêle, la sécheresse ou les inondations ont privés de tout ou partie de leur récolte, et qui méritent, par conséquent, une exemption proportionnelle dans les impôts. D'autres enfin sont chargés de signaler au gouverneur de la province les propriétaires négligents qui laisseraient leurs terrains en friche, car l'impôt n'étant perçu en Chine que sur le revenu effectif, celui qui diminue volontairement ses propres ressources est considéré comme frustrant le trésor de l'État.

LIV. XLVI. 祈報 PRIÈRES AUX GÉNIES.

Ce livre présenterait plus d'intérêt comme étude de la mythologie chinoise, qu'il n'en présente au point de vue agricole. C'est une suite d'instructions concernant les sacrifices à offrir aux différents génies pour obtenir de la pluie, d'heureuses récoltes, etc. Le choix du jour et du lieu, le cérémonial à suivre, la formule des prières, etc., y sont soigneusement indiqués.

LIV. XLVII. 敕諭一 DÉCRETS ET MONITOIRES IMPÉRIAUX DE LA DYNASTIE RÉGNANTE. — 1.

Édits relatifs à l'agriculture rendus par les souverains de la dynastie régnante. Le livre XLIII renfermait, comme nous l'avons vu, un choix des décrets les plus remarquables promulgués par les anciens Empereurs. Par respect et par déférence pour la maison régnante, qui a d'ailleurs plus que toute autre prodigué des encouragements à l'agriculture, les rédacteurs de l'Encyclopédie ont réuni dans un livre à part les ordonnances qui lui sont dues. Ce livre commence donc par celles de *Tai-tsou-kao-hoang-ti*, premier fondateur de la dynastie actuelle, qui monta sur le trône en 1616. Il en contient plusieurs autres, d'un style fort remarquable aussi, émanées de *Tai-tsong-wen-hoang-ti*, et il se termine avec celles du fameux *Ching-tsou-jin-hoang-ti*, connu sous le nom de *Khang-hi*.

LIV. XLVIII. 敕諭二 DÉCRETS ET MONITOIRES IMPÉRIAUX DE LA DYNASTIE RÉGNANTE. — 2.

Suite des décrets ou proclamations de la dynastie régnante. Les plus remarquables sont dus à *Chi-tsong-hoang-ti* (*Yong-tching*) et à *Kao-tsong-hoang-ti* (*Kien-long*), sous le règne duquel cette Encyclopédie fut composée. Le dernier de ces décrets porte la date de la deuxième année *Kien-long* (1737). — La plupart ont été traduits par le père de Mailla et publiés par lui dans son *Histoire générale de la Chine*. Ce sont tout à la fois, comme ceux dont il a été question plus haut (liv. XLIII), des exhortations paternelles et des ordres motivés.

LIV. XLIX. 祈穀 耕耤 SACRIFICES AUX ESPRITS DE LA TERRE. — CÉRÉMONIAL DU LABOURAGE.

Ce livre qui porte pour sous-titre : Importance accordée à l'agriculture par la dynastie régnante, contient le nouveau rituel, institué par les Empereurs de la dynastie *Taï-thsing*, de tous les sacrifices que l'on doit offrir aux génies de l'agriculture pour obtenir d'heureuses récoltes. — La fameuse cérémonie du labourage, par l'Empereur en personne, est particulièrement décrite dans les plus grands détails, et le formulaire des hymnes que chantent successivement les membres des divers corps de l'État est joint au cérémonial des fêtes et des sacrifices.

LIV. L ET LI. 御製詩文 MORCEAUX EN VERS ET EN PROSE COMPOSÉS PAR LES EMPEREURS CHINOIS (EN L'HONNEUR DE L'AGRICULTURE).

Les morceaux en prose sont des dissertations sur l'importance de diverses cultures, des traits historiques ayant rapport à des agriculteurs fameux. Les poésies sont des odes et des chansons faites pour les cultivateurs, et célébrant, avec une grande naïveté, les joies que causent la pluie, les présages favorables, une heureuse moisson, etc., etc.

LIV. LII. 耕織圖上 PLANCHES RELATIVES AUX OPÉRATIONS DE L'AGRICULTURE ET DE LA SÉRICICULTURE.

Première Partie.

Le livre LII nous offre vingt-trois planches représentant toutes les phases de la culture du riz, depuis le labourage jusqu'aux actions de grâces à rendre à la providence après la moisson. Chaque planche est accompagnée d'une pièce de vers renfermant des préceptes, des maximes, des proverbes agricoles; quelques-uns de ces vers sont dus au pinceau de l'Empereur lui-même.

Ce livre, tiré par ordre impérial à un nombre infini d'exemplaires, afin de répandre dans les campagnes de saines doctrines sur la culture de la céréale la plus importante à la Chine, forme, avec le suivant, un ouvrage complet et distinct que les rédacteurs de l'Encyclopédie ont cru devoir insérer dans leur grand recueil comme un monument intéressant de la sollicitude du chef de l'état pour le bien-être de son peuple.

LIV. LIII. 耕織圖下 PLANCHES RELATIVES AUX OPÉRATIONS DE L'AGRICULTURE ET DE LA SÉRICICULTURE.

Deuxième Partie.

Ce livre est particulièrement consacré à l'industrie sérigène, comme le précédent à la culture du riz. Il est composé sur le même plan, et contient aussi un grand nombre de planches accompagnées d'une légende en vers où l'auteur donne l'explication des figures, lesquelles embrassent tous les travaux relatifs à l'éducation des vers à soie, au dévidage des cocons, à l'ourdissage des fils, au tissage et à la teinture des étoffes.

Les planches, d'une grande finesse d'éxécution dans l'édition impériale, sont d'un extrême intérêt pour ceux qui s'occupent spécialement de ce genre d'industrie, et qui peuvent juger à première vue des différences entre les procédés séricicoles de la Chine et du Japon. Il leur suffira de comparer les nombreuses figures de ce livre avec celles du remarquable ouvrage *Yo san-fi-rok, ou l'art d'élever les vers à soie,* traduit du Japonais par le savant interprète de S. M. le Roi des Pays-Bas, M. le docteur Hoffman, et publié avec des annotations par M. Bonafous, membre correspondant de l'Institut.

SIXIÈME SECTION.

蓄聚

CONSERVATION DES GRAINS.

LIVRE LIV. 彙考 RECHERCHES GÉNÉRALES.

Considérations sur la mise en réserve des grains et céréales dans les années d'abondance. — Greniers publics institués pour éviter la disette. — Organisation de ces greniers. — Leur nombre dans chaque province, suivant son étendue et sa population. — Ordonnances rendues par la dynastie régnante et particulièrement par l'Empereur Khang-hi relativement à la manutention des grains.

LIV. LV. 常平倉 GRENIERS D'ABONDANCE.

Histoire de l'institution des greniers publics depuis la plus haute antiquité. — Modifications que ces institutions ont subies à différentes époques. — Règlement des quantités de grains que doivent contenir les réserves publiques.

LIV. LVI. 社倉 義倉 GRENIERS DES VILLAGES. — GRENIERS D'ASSISTANCE PUBLIQUE.

Greniers des villages. — Si par hasard la moisson n'a pas réussi ou n'a pas été abondante, et que dans un village il y ait des gens qui souffrent de la faim, on les secourt à l'aide des grains amassés dans ces greniers. Les grains destinés à cet usage ont été prélevés, dans les bonnes années, sur les récoltes des fermiers, en proportion de leur abondance.

Greniers d'assistance publique. — Ces greniers, dont la destination est la même que celle des précédents, n'en diffèrent guère que par leur nom et par quelques détails d'organisation. Le texte nous apprend que leur institution remonte à la 3e année de la période *Khaï-hoang*. Quand la récolte est abondante, on achète les grains à bon marché; quand elle est médiocre, on vend également à bon marché les grains amassés dans ces greniers; de sorte que si les céréales sont à vil prix, on en augmente la valeur dans l'intérêt de l'agriculture, et que, si elles sont trop chères, on en diminue le prix dans l'intérêt du peuple.

LIV. LVII. 圖式 PLANCHES CONCERNANT LA CONSTRUCTION DES GRENIERS ET SILOS.

Après la partie historique et administrative vient la partie technique. Ce livre, extrêmement intéressant, entre dans de minutieux détails sur toutes les méthodes de conservation des grains, de construction des greniers et des silos, des soins à donner aux céréales emmagasinées, etc. Les planches qui accompagnent le texte représentent des greniers, des silos, et les divers instruments dont on se sert pour le transport et la manipulation des grains.

SEPTIÈME SECTION.

農餘

COMPLÉMENT DE L'AGRICULTURE.

HORTICULTURE. — SYLVICULTURE. — ANIMAUX DOMESTIQUES.

LIV. LVIII. 彙考 RECHERCHES GÉNÉRALES.

Recherches générales sur l'importance de l'horticulture tirées des anciens auteurs.—Plantation et entretien des haies vives et clôtures; choix des arbres qui doivent entrer dans leur composition, etc. — Création des jardins proprement dits; exposition, choix des terrains suivant les espèces de légumes ou d'arbres fruitiers que l'on veut cultiver. — Soins réclamés par les plantes; manière de les abriter contre le vent, la pluie, la grêle, la gelée, etc. — Arrosage. — Taille et émondage des arbres fruitiers et d'ornement. — Destruction des insectes nuisibles ; échenillage, etc. Un long article est consacré à cette partie intéressante du jardinage.

LIV. LIX. 蔬 一 LÉGUMES. — 1.

Ce livre est consacré à la description des plantes potagères, fourragères ou même industrielles, qui comprennent seize espèces principales, ou plutôt, pour parler suivant nos idées, seize catégories de plantes, sur lesquelles nous sommes loin de posséder des renseignements suffisants. A part le *Pé-tsaï* et un Hibiscus (*Hibiscus esculentus*?), il nous a été impossible de reconnaître, d'après les gravures, même génériquement, les autres espèces indiquées ; bien plus, les noms spécifiques rapportés par les dictionnaires à quelques-unes des plantes décrites et figurées dans l'Encyolopédie, sont entièrement démentis par les figures elles-mêmes. Il est donc fort difficile, dans l'état actuel des choses, de déterminer d'une manière satisfaisante les espèces végétales qui constituent le fond de l'horticulture chinoise. Tout ce que nous pouvons avancer avec certitude, c'est que, parmi ces espèces, quelques-unes sont cultivées comme plantes fertilisantes ; une dernière, qui nous a paru devoir être rapportée à la famille des légumineuses, est indiquée comme pouvant servir à la nourriture de certains vers à soie sauvages.

LIV. LX. 蔬 二 LÉGUMES. — 2.

Description de huit espèces principales de légumes, dont quatre sont des plantes à tubercules ou à racine développée et alimentaire. Nous reconnaissons avec assez d'exactitude le Caladium (*C. esculentum*), la batate et la rave ; la quatrième espèce nous échappe. Parmi les figures suivantes, deux nous semblent se rapporter à la canne à sucre et au nélombo ; nous n'avons pu distinguer les deux dernières.

LIV. LXI. 蔬三 LÉGUMES. — 3.

Comme le précédent, ce livre traite de la culture de huit espèces principales ou catégories de légumes, que nous pourrions réduire à trois, en suivant les analogies botaniques, savoir : les cucurbitacées, les aubergines et les champignons. Les premières renferment les espèces désignées par les Chinois sous les noms de *Courge légume*, *Courge jaune*, *Courge du Midi*, *Courge d'hiver*, *Courge filandreuse* et *Calebasse* ; mais on ne peut affirmer que ces différentes espèces appartiennent bien toutes au genre *Cucurbita* des botanistes ; quelques-unes s'éloignent un peu des formes que nous sommes habitués à constater dans ce genre. — Le livre se termine par un assez long article sur les champignons, comprenant les divisions suivantes : distinction des champignons qui croissent sur la terre et de ceux qui naissent sur les arbres ; manière de distinguer les bons des mauvais. — Monographie des espèces de champignons cultivées par les Chinois, avec leur description, l'indication des provinces où ils croissent, la manière de les cultiver, etc.

LIV. LXII. 蔬四 LÉGUMES. — 4.

Plantes potagères ou servant de condiment. — Huit catégories parmi lesquelles : 1° le gingembre ; 2° les poivres, dont les Chinois reconnaissent six espèces (la figure d'un de ces poivres ne se rapporte pas aux *piper* des botanistes ; il nous est impossible d'en soupçonner même le genre) ; 3° les plantes alliacées, comprenant les aulx, les poireaux, les ciboules ;

une des figures représentant une plante de cette section nous semble reproduire un *cyperus* (peut-être le *cyperus esculentus* des botanistes), dont le texte annonce que les racines ou les rhizômes souterrains sont la partie essentielle ; puis viennent plusieurs figures de plantes indiquées comme potagères et que nous n'avons pu reconnaître.

LIV. LXIII. 果一 FRUITS. — 1.

Quinze espèces ou plutôt quinze groupes d'espèces ou de variétés, parmi lesquels nous ne reconnaissons d'une manière à peu près certaine que l'abricotier, le pêcher, le prunier et la vigne. Les autres figures représentent des fruits remarquables par leur grosseur, mais appartenant très-probablement à des espèces inconnues aux botanistes européens, et ce qui tend surtout à nous le faire croire, c'est que la figure de l'arbre désigné dans l'Encyclopédie par le caractère 梨 *li*, que tous les dictionnaires, même l'excellente Chrestomathie de Bridgman, traduisent par le mot *poirier*, se rapporte évidemment à un arbre dont nous n'avons pu reconnaître l'espèce, mais entièrement différent du poirier que tout le monde connaît.

LIV. LXIV. 果二 FRUITS. — 2.

Continuation du même sujet. Description de dix espèces d'arbres fruitiers. Ce sont le Jujubier, le Diospyros, le Papayer (*Carica*), le Grenadier, un Pin dont les amandes forment un objet de consommation, le Salisburia (*Gincko biloba*), l'Aleurites, puis trois autres arbres. L'un d'eux serait le Noyer, d'après la synonimie de Bridgman, mais la figure dément complètement cette désignation.

LIV. LXV. 果三 FRUITS.— 3.

Description de douze autres espèces ou variétés d'arbres fruitiers. Ce sont le *Li-tchi* (*Dimocarpus*), le meilleur fruit de la Chine, qui a produit, sous l'influence de la culture, un grand nombre de variétés, dont quelques-unes sont décrites dans l'Encyclopédie comme des espèces distinctes, entre autres celle que les Chinois désignent sous le nom d'*Yeux de Dragon*; l'Oranger, qui n'a pas de nom particulier et générique à la Chine, mais dont on distingue les variétés les plus remarquables par des noms spéciaux qui feraient croire à autant d'espèces ; le Cocotier ; l'Olivier, et enfin une espèce d'arbre remarquable, désigné dans l'Encyclopédie sous le nom de *Fruit des mandarins civils*, dont nous n'avons pu reconnaître l'espèce botanique à l'inspection de la figure, et que nous n'avons trouvé désigné dans aucun dictionnaire.

LIV. LXVI. 果四 FRUITS.— 4.

Fruits des plantes herbacées, racines alimentaires, etc. Ce chapitre nous prouve combien les classifications des Chinois diffèrent des nôtres, puisqu'ils font une même catégorie de produits aussi différents que les racines et les fruits proprement dits. Nous y trouvons la description de deux cucurbitacées, que leur forme ainsi que le texte de l'Encyclodédie nous désignent comme étant des melons ; du *Nélumbium*, de la canne à sucre, du *Trapa bicornis*, d'un lys dont les bulbes sont comestibles ; puis de trois espèces que nous n'avons pu reconnaître avec certitude. L'une est probablement un Caladium ou plutôt une alismacée à tubercules, l'autre une cypéracée dont la racine est aussi tuberculeuse ; la troisième à l'aspect d'un nénuphar ou d'un nélumbium, dont elle diffère considérablement par le fruit.

LIV. LXVII. 木一 ARBRES FORESTIERS. — 1.

Huit espèces principales, parmi lesquelles nous remarquons le Pin, le Sapin, le Cyprès, le Dryandra de la Chine, et le *Broussonnetia papyrifera*. Le texte relatif à chaque espèce d'arbres entre dans les détails les plus minutieux sur leurs qualités, l'emploi de leurs bois, de leurs écorces, de leurs feuilles, etc., sur leurs propriétés médicinales, leurs produits en gommes, résines, etc., etc.

LIV. LXVIII. 木二 ARBRES FORESTIERS. — 2.

Ebène (ou du moins un arbre dont le bois est coloré comme celui de l'ébène). — Le Vernis de la Chine (*Rhus verni*). Un Chêne, ou peut-être plusieurs espèces désignées sous un seul nom générique. L'Acacia. Différents arbres dont il est difficile de préciser le genre à l'inspection des figures, et dont les bois, les écorces et les feuilles sont employés à de nombreux usages dans l'industrie, les arts et la médecine.

LIV. LXIX. 雜植 PLANTES DIVERSES.

Nous trouvons encore ici un groupe formé d'éléments on ne peut plus hétérogènes, puisqu'on y voit le thé figurer à côté des plantes tinctoriales. Ce livre est consacré aux notices du Bambou, du Thé, du Carthame, de l'Acorus (*Acorus Calamus*), du *Polygonum tinctorium* et d'un *Typha;* il contient, en outre, une liste de quelques autres espèces tinctoriales usitées en Chine, avec des indications sur leur culture et leur emploi.

LIV. LXX. 畜牧一 ANIMAUX DOMESTIQUES.—1.

Considérations générales sur l'utilité des animaux domestiques et l'antiquité de leur domesticité en Chine.—Préceptes généraux sur la manière de les élever. — Le cheval est le premier des animaux domestiques auquel on consacre un article. — Éloge du cheval. — Classification de l'animal par la couleur de sa robe et par la forme de ses dents. — Examen minutieux et raisonné du cheval et de toutes les inductions que l'on peut tirer quant à ses qualités et à ses dispositions bonnes ou mauvaises, tant de la nature de son poil que de l'odeur de sa transpiration, de la grosseur de ses veines, etc.

Soins à donner aux chevaux suivant leur âge. —Nourriture des chevaux. — Manière de les dresser. — Observations de toute nature. —Maladies des chevaux ; les auteurs transcrivent à ce sujet de nombreuses recettes dues pour la plupart à l'expérience des Tartares, qui vivent constamment à cheval; certaines d'entre elles seraient évidemment intéressantes à connaître, mais dans l'art vétérinaire comme dans les sciences médicales des Chinois, les simples jouent le plus grand rôle, et les formules pharmaceutiques demeureront intraduisibles tant que la botanique du Céleste-Empire ne nous sera pas mieux connue.

A la suite du cheval viennent l'âne et le mulet auxquels sont consacrés des notices analogues.

LIV. LXXI. 畜牧二 ANIMAUX DOMESTIQUES.—2.

Le mouton. — Nombreuses espèces de moutons. — De

leur utilité et des services qu'ils peuvent rendre. — Instructions pour les bergers quant aux soins à leur donner, l'élevage, la nourriture et le traitement en cas de maladie. — Symptômes de ces maladies et nombreuses recettes pour les guérir. — Des articles analogues sont consacrés au porc et à quelques autres quadrupèdes qui servent d'aliment aux Chinois. — Viennent ensuite les oiseaux domestiques, oies, poules, canards, etc., qui diffèrent considérablement des nôtres, et dont quelques-uns mériteraient certainement d'être importés en Europe. — Enumération des diverses races. — Méthodes pour faire éclore les œufs, pour élever et engraisser les volailles et les soigner en cas d'épidémie, etc.

Poissons. — Manière de former des viviers, de domestiquer les poissons, de les soigner et de les nourrir en toutes saisons, etc. (1). — Ce livre se termine par une dissertation sur les abeilles composée sur le même plan que les notices précédentes.

(1) Nous publierons prochainement un extrait de cet article qui touche à une question neuve.

HUITIÈME SECTION.

蠶桑

VERS A SOIE ET MURIERS.

LIVRE LXXII, LXXIII, LXXIV, LXXV, LXXVI.

CONSTRUCTION DE MAGNANERIES. — BAINS DES GRAINES. — NOURRITURE DES VERS. — DISTRIBUTION DES VERS SUR LES CLAIES. — ENTRÉE DANS LA COCONNIÈRE. — CHOIX DES COCONS. — DEVIDAGE, TISSAGE ET TEINTURE. — SOINS A DONNER AUX MURIERS.

Ces cinq livres, consacrés à la culture du mûrier et à l'éducation des vers à soie, sont ceux que M. Stanislas Julien a traduits et publiés en 1837. Nous avons eu déjà l'occasion de parler plusieurs fois dans ce volume de ce remarquable ouvrage et du succès qu'il obtint. Nous jugeons inutile d'analyser ici un Traité qui a été traduit par le premier sinologue de notre époque. Nous renverrons à cette publication ceux qu'intéresse particulièrement l'industrie sérigène, ou qui voudraient, par la lecture de ce fragment de l'Encyclopédie, se faire une idée plus précise de la manière dont elle est composée.

LIV. LXXVII. 桑餘 COMPLÉMENT DES MURIERS.

Fidèles à leur système que nous avons déjà eu l'occasion de faire remarquer, et qui consiste à classer les productions du sol suivant la nature des services qu'ils en tirent, les Chinois placent à la suite du mûrier et des divers procédés en usage dans l'industrie séricicole, les plantes textiles, dont les fibres, bien qu'inférieures aux fils des vers à soie, leur servent également à fabriquer des étoffes. On passe en revue plusieurs variétés de cotonnier, avec des instructions sur leur culture et sur la manière d'utiliser leurs produits. On donne ensuite la description des filoirs et des machines à tisser qui sont fort inférieures aux nôtres sous le rapport de l'économie de la main-d'œuvre, mais qui se font remarquer toutefois par leur extrême simplicité ; simplicité obligée du reste dans un pays où les fabriques, proprement dites, sont inconnues, où chaque industrie s'exerce isolément en famille, et où les instruments doivent être à la portée des classes pauvres qu'ils font vivre.

LIV. LXXVIII. 桑餘 COMPLÉMENT DES MURIERS.

Continuation du même sujet. — Après avoir figuré parmi les céréales, comme fournissant des graines alimentaires, les *Ma* reparaissent ici à cause de leurs fibres textiles. Au milieu des nombreuses variétés de *Ma* énumérées dans ce livre on remarque le *Tchu-ma*, probablement l'*Urtica nivea*, et qui a été le sujet d'un Mémoire présenté en 1838, à l'Académie des sciences, par M. Stanislas Julien. — A la suite de l'article concernant la culture et la récolte de ces plantes sont figurés, comme à la suite du chapitre relatif au cotonnier, les instruments destinés à rouir les tiges et à préparer les fils. — Après les *Ma* viennent le *Ko*, (*dolichus bulbosus*, selon M. Brongniart), puis le bananier. Enfin, la dernière notice est consacrée au *Thong* (*Bignonia tomentosa?*), dont les feuilles se couvrent d'un duvet blanc qui sert à fabriquer des toiles d'une extrême finesse, et le grand Recueil encyclopédique se termine avec la revue des plantes textiles.

FIN.

TABLE DES MATIÈRES.

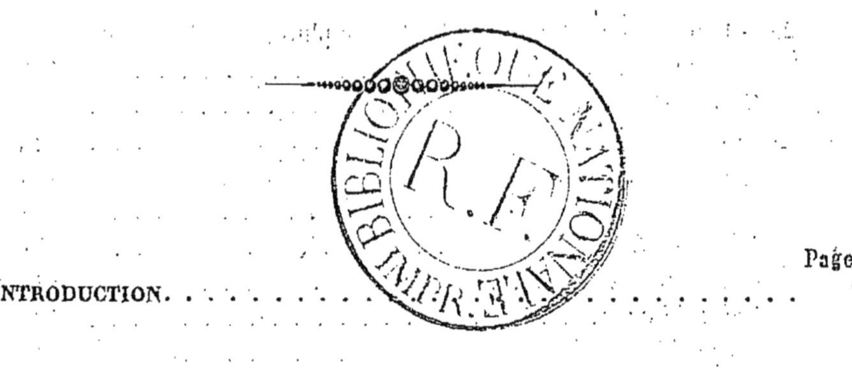

PREMIÈRE PARTIE.

CONDITIONS GÉNÉRALES DE L'AGRICULTURE ET DE L'HORTICULTURE EN CHINE.

DEUXIÈME PARTIE.

REVUE SOMMAIRES DES ESPÈCES VÉGÉTALES CULTIVÉES EN CHINE.

ANALYSE DE L'ENCYCLOPÉDIE.

PREMIÈRE SECTION. — *Des saisons.*

DEUXIÈME SECTION. — *Des diverses cultures appropriées à la nature du sol.*

TROISIÈME SECTION. — *Céréales.*

QUATRIÈME SECTION. — *Travaux agricoles.*

CINQUIÈME SECTION. — *Manifestes imperiaux concernant l'agriculture.*

www.ingramcontent.com/pod-product-compliance
Ingram Content Group UK Ltd.
Pitfield, Milton Keynes, MK11 3LW, UK
UKHW012203240726
13966UKWH00002B/545

9 782012 928763